连云港市重点河湖生态水位确定与保障研究

LIANYUNGANGSHI ZHONGDIAN HEHU
SHENGTAI SHUIWEI QUEDING YU BAOZHANG YANJIU

主编／刘沂轩　颜秉龙　李　刚　张应奎　张巧丽

中国矿业大学出版社
·徐州·

内 容 简 介

本书在收集国内外生态需水研究资料的基础上,梳理了生态需水的概念与计算方法,分析了生态需水的表征指标及生态水位的内涵与性质,明确了连云港市的生态需水类型,研究了连云港市主要河库的生态需水并提出了相应的保障措施,主要成果如下:① 连云港市生态需水表征为生态水位较为适宜;② 连云港市河流生态水位采用的计算方法主要有湿周法、最小生物空间法、排频法,生态水位的推荐值主要在湿周法与最小生物空间法中选取;湖泊生态水位的计算方法主要是湖泊死水位法、湖泊形态分析法、最小生物空间法、排频法、近10年最枯月平均水位法;③ 给出了蔷薇河、云善河、烧香河、叮当河、车轴河、界圩河、东门河、柴米河、公兴河、南六塘河、盐河、一帆河、沂南小河、新沂河南偏泓、鲁兰河、青口河、乌龙河、马河、民主河、前蔷薇河-卓王河等20条河流以及小塔山水库、石梁河水库、安峰山水库、西双湖水库、房山水库、八条路水库、大石埠水库7个大型水库生态水位推荐值;④ 提出了连云港市的生态需水保障措施,其中工程措施包括水利工程优化调度、闸坝生态流量调度、城市河湖管理、水生态流量监测站点建设以及水生态修复,非工程措施包括水资源优化配置、生态流量与水位监测预警、水生态补偿制度和生态需水保障责任考核体系。

本书适合从事水资源管理、防汛抗旱、水文气象、规划设计等领域的技术人员及政府决策人员阅读。

图书在版编目(CIP)数据

连云港市重点河湖生态水位确定与保障研究/刘沂轩等主编.—徐州:中国矿业大学出版社,2022.12
ISBN 978-7-5646-5672-0

Ⅰ.①连… Ⅱ.①刘… Ⅲ.①河流-生态环境-水位-研究-连云港②河流-生态环境-需水量-研究-连云港③湖泊-生态环境-水位-研究-连云港④湖泊-生态环境-需水量-研究-连云港 Ⅳ.①X143

中国版本图书馆 CIP 数据核字(2022)第 242150 号

书　　名	连云港市重点河湖生态水位确定与保障研究
主　　编	刘沂轩　颜秉龙　李　刚　张应奎　张巧丽
责任编辑	满建康　潘俊成
出版发行	中国矿业大学出版社有限责任公司
	(江苏省徐州市解放南路　邮编 221008)
营销热线	(0516)83884103　83885105
出版服务	(0516)83995789　83884920
网　　址	http://www.cumtp.com　E-mail:cumtpvip@cumtp.com
印　　刷	徐州中矿大印发科技有限公司
开　　本	787 mm×1092 mm　1/16　印张 6.75　字数 173 千字
版次印次	2022 年 12 月第 1 版　2022 年 12 月第 1 次印刷
定　　价	38.00 元

(图书出现印装质量问题,本社负责调换)

《连云港市重点河湖生态水位确定与保障研究》
编写委员会

主　　编	刘沂轩	颜秉龙	李　刚	张应奎
	张巧丽			
副 主 编	王　欢	王　震	吴晓东	李丽娜
	孙步军	杨　慧	武宜壮	张聘燊
	朱振华	王桂林	周佳华	雷智祥
	程建敏	冉四清	李海军	陆洪亚
参　　编	王德维	周　云	陶淑芸	张翠红
	彭晓丽	王崇任	原瑞轩	王根山
	封一波	李　巍	高德应	徐浩洁
	赵士豪	谭　璟	蒋德志	黄　涛
	邢燕婷	胡菲菲	谢晓艳	王　波
	聂其勇	殷怀进	余　鑫	宋　彬
	徐　琪	孙茂然	刘元美	张　曼
	张　晨	刘　锦		
统　　稿	张巧丽			

前　言

　　水是生命之源、生产之要、生态之基,是基础性的自然资源和战略性的经济资源,也是生态环境的控制性要素。河湖生态需水能够维持河湖生态平衡、满足河湖基本功能和维持自然再生产,必须保障其基本流量和水位需求,研究河湖生态需水可以为实现水资源的合理配置、优化调度和可持续开发利用提供科学依据,具有十分重要的现实意义。

　　连云港市位于江苏省东北部,地处我国沿海中部的黄海之滨、淮河流域沂沭泗水系下游,境内河网发达,现有605条县乡河道;有大型水库3座、中型水库8座、小型水库155座,它们分属于沂河、沭河、滨海诸小河三大水系,水域面积481 km²。连云港市本地水资源匮乏,但过境水资源丰沛,汛期要承泄上游近8.0万 km² 洪水入海,是著名的"洪水走廊"。连云港市用水主要依靠调引江淮水,水对于连云港市生态环境的控制有特别重要的作用。

　　为了有效地保护河流水资源,恢复健康河湖生态系统,实现水资源可持续利用及人与自然和谐相处,江苏省水文水资源勘测局连云港分局对连云港市主要河湖的生态需水和生态保障措施进行了研究分析。现将相关研究成果汇编成书,全书共八章。第一章为绪论,介绍了研究背景、研究意义、理论基础和研究进展;第二章为生态需水相关概念与计算方法,介绍了生态需水的确定原则、相关概念、计算方法;第三章为连云港市生态需水的表征方式,在介绍生态需水表征指标的基础上研究了连云港市生态需水的表征指标为生态水位,并介绍了生态水位的内涵和性质;第四章为区域概况,介绍了连云港地区自然地理、社会经济、水文气象、水利工程及水文站网等;第五章为连云港市生态需水,介绍了连云港市的生态需水类型、评价河流与水库概况、计算方法;第六章为生态水位计算,通过不同方法计算了20条河流和7个大中型水库的生态水位并给出了生态水位的推荐值,进行了生态水位可达性分析;第七章为生态需水保障措施,介绍了主要河流水库控制断面的生态水位保障目标,提出了生态水位管控措施和非工程措施,以及生态水位监测预警方案;第七章为结语,在前述各章的基础上,总结了研究成果,分析了现存问题并提出进一步改进的建议。

　　本书在大量实测和调查资料的基础上,研究了连云港市蔷薇河、云善河、烧香河、叮当河、车轴河、界圩河、东门河、柴米河、公兴河、南六塘河、盐河、一帆河、沂南小河、新沂河南偏泓、鲁兰河、青口河、乌龙河、马河、民主河、前蔷薇河-卓王河等20条河流以及小塔山水库、石梁河水库、安峰山水库、西双湖水库、房山水库、八条路水库、大石埠水库等7个大中型水库的生态需水并提出了相应的保障措施,并针对存在的不足提出了进一步的改进措施。本书结构合理、资料翔实、方法正确、内容全面、成果可靠、结论可信,对连云港市水资源优化配置、水资源管理、水资源调度、工程建设与管理具有重要价值,可供同行借鉴。

　　由于本书作者水平所限,书中缺点和错误在所难免,殷切希望得到同行专家及读者的批评指正。

作　者
2022年8月于连云港

目 录

第一章 绪论 … 1
第一节 研究背景 … 1
第二节 研究意义 … 3
第三节 理论基础 … 4
第四节 研究进展 … 5

第二章 生态需水相关概念与计算方法 … 8
第一节 生态需水的确定原则 … 8
第二节 生态需水的相关概念 … 9
第三节 生态需水的计算方法 … 10

第三章 连云港市生态需水的表征方式 … 17
第一节 生态需水表征指标 … 17
第二节 连云港市生态需水表征指标 … 17
第三节 生态水位内涵及性质 … 18

第四章 区域概况 … 21
第一节 自然地理 … 21
第二节 社会经济 … 24
第三节 水文气象 … 28
第四节 水利工程 … 29
第五节 水文站网 … 40

第五章 连云港市生态需水 … 41
第一节 生态需水类型 … 41
第二节 评价河流与水库概况 … 42
第三节 计算方法 … 49

第六章 生态水位计算 … 50
第一节 河流生态水位分析计算 … 50
第二节 水库生态水位分析计算 … 77
第三节 生态水位推荐值 … 89

  第四节　生态水位可达性分析 …………………………………………… 92

第七章　生态需水保障措施 ………………………………………………… 93
  第一节　生态水位保障目标 ………………………………………………… 93
  第二节　生态水位管控措施 ………………………………………………… 94
  第三节　非工程措施 ………………………………………………………… 95
  第四节　生态水位监测预警方案 …………………………………………… 96

第八章　结语 ………………………………………………………………… 99
  第一节　结论 ………………………………………………………………… 99
  第二节　展望 ………………………………………………………………… 100

第一章 绪 论

第一节 研究背景

水是生命之源、生产之要、生态之基,是生态环境的控制性要素。水生态文明是生态文明建设的重要组成和基础保障。近年来,随着城市化进程的加快,水污染严重、水生态退化、水域面积萎缩、部分城市河道黑臭等问题越加突出,严重影响经济社会的可持续发展和人民群众的生活质量。

《中华人民共和国水法》规定,县级以上人民政府水行政主管部门、流域管理机构以及其他有关部门在制定水资源开发、利用规划和调度水资源时,应当注意维持江河的合理流量和湖泊、水库以及地下水的合理水位,维护水体的自然净化能力。《中华人民共和国水污染防治法》也明确规定,国务院有关部门和县级以上地方人民政府开发、利用和调节、调度水资源时,应当统筹兼顾,维持江河的合理流量和湖泊、水库以及地下水体的合理水位,保障基本生态用水,维护水体的生态功能。河湖生态需水是为了维系河流、湖泊等水生态系统的基本功能,需要保留在河湖内符合水质要求的流量(水量、水位)。湖泊生态水位的确定,是湖泊水资源开发利用、节约、保护与配置、调度管理的重要基础性工作。保障河湖生态流量、水位,事关江河湖泊健康,事关生态文明建设,事关高质量发展。

生态需水是指维持江河湖泊生态系统健康所需的水量。保障生态流量是江河湖泊得以存在的基础,无水不成江湖;保障生态流量是维持一定环境容量、保障水质安全的需要,排污标准、水质目标都基于一定的水量测算,如果水量不足则难以实现水环境保护要求;保障生态流量是水资源管理的重要内容,2011年中央一号文件《中共中央 国务院关于加快水利改革发展的决定》明确提出,强化水资源统一调度,协调好生活、生产、生态环境用水;保障生态流量是维护水生态健康的需要,水生生物洄游、产卵等重要生命活动,往往依赖于特定的流量和水文条件。

《水污染防治行动计划》(简称"水十条")明确提出,科学确定生态流量,加强江河湖库水量调度管理,维持河湖生态用水需求,重点保障枯水期生态基流。这是统筹保护水质、水量和水生态的重要举措,将有力推进水环境改善,主要体现在以下两个方面:一是科学确定生态流量,以河湖重要控制断面(点位)、生态敏感区等为关键节点,以纳污、生态、防洪、发电、航运、灌溉等功能协调为准则,"一河一量"确定生态流量;二是强化调度管理,将生态流量纳入水资源调度方案,区域水资源调配及水力发电、供水、航运等调度,要服从流域水资源统一调度,切实保障生态流量。

为深入推进生态文明建设,切实强化河湖生态流量监管工作,水利部组织各流域管理机构和省(自治区、直辖市)水行政主管部门提出了《2020年重点河湖生态流量保障目标确定工作安排》,要按照"定断面、定目标、定保证率、定管理措施、定预警等级、定监测手段、定监管责任"的要求,结合江河流域水量调度、用水总量控制制度落实,制定生态流量保障实施方案,明确河湖生态流量保障要求。

2011年中央一号文件和中央水利工作会议提出,要力争通过5年到10年努力,基本建成水资源保护和河湖健康保障体系,主要江河湖泊水功能区水质明显改善,城镇供水水源地水质全面达标,地下水超采基本遏制;继续推进生态脆弱河流和地区水生态的修复,加快污染严重江河湖泊水环境的治理;加强重要生态保护区、水源涵养区、江河源头区、湿地的保护,加强顶层设计、统筹规划,着力推进水生态保护和水环境治理,坚持保护优先和自然恢复为主,维护河湖健康生态。因此,开展生态需水研究工作是贯彻落实2011年中央一号文件和中央水利工作会议对水资源保护要求的重要举措。

2013年,《水利部关于加快推进水生态文明建设工作的意见》(水资源〔2013〕1号)提出,确定并维持河流合理流量和湖泊、水库以及地下水的合理水位,保障生态用水基本需求,定期开展河湖健康评估;在水库建设中,要优化工程建设方案,科学制定调度方案,合理配置河道生态基流,最大程度地降低工程对水生态环境的不利影响。同年,《江苏省水利厅关于推进水生态文明建设的意见》(苏水资〔2013〕26号)提出,水利调度中,在保证防洪、供水、除涝功能的同时,注重维护河湖生态水位,保证生态流量。因此,开展生态需水研究工作是水生态文明建设过程中的一项重要内容。

2015年,国务院发布的《水污染防治行动计划》提出,加强江河湖库水量调度管理,完善水量调度方案,采取闸坝联合调度、生态补水等措施,合理安排闸坝下泄水量和泄流时段,维持河湖基本生态用水需求,重点保障枯水期生态基流;加大水利工程建设力度,发挥好控制性水利工程在改善水质中的作用。因此,开展生态需水研究工作是贯彻落实国务院水污染防治行动计划中的一项重要内容。

2015年,《江苏省生态保护与建设规划(2014—2020年)》中提出,初步遏制自然湿地萎缩和河湖生态功能下降趋势,主要河湖生态水量、水质得到基本保证;生物多样性丧失速度得到有效控制。因此,开展生态需水研究工作是生态保护与建设的一项重要内容。

2016年,江苏省政府印发的《江苏省水污染防治工作方案》明确要求,加强江河湖库水量调度管理,制定基于生态流量保障的水量调度方案,采取区域联合调度、引排结合、生态补水等措施,发挥水利工程在改善水质中的作用,维持河湖基本生态用水需求,重点保障枯水期生态基流;科学确定生态流量(水位),在淮河流域进行试点,2017年底前,制定生态流量(水位)控制试点方案,分期分批确定河湖生态流量(水位),作为流域水量调度的重要参考。因此,开展生态需水研究工作是江苏省水污染防治工作方案中的一项重要内容。

2017年,《水利部 国家发展和改革委员会关于开展第三次全国水资源调查评价工作的通知》(水规计〔2017〕139号)提出,要调查河湖和地下水生态状况,分析评价河湖生态用水保障情况和地下水超采情况,加强重要河湖生态水量(流量)保障工作。因此,开展生态需水研究工作是第三次水资源调查评价工作中的一项重要内容。

2017年,江苏省政府印发的《江苏省生态河湖行动计划(2017—2020年)》提出,要加强水资源保护,合理开发利用水资源,保障重要河湖生态水位,通过工程优化调度及洪水资源化利用,保证太湖、洪泽湖生态水位分别不低于3.0 m、11.5 m;确保省干线航道最低通航水位,满足沿海冲淤保港水量需求。因此,开展生态需水研究工作是生态河湖行动计划中的一项重要内容。

2019年,水利部办公厅印发《水利部 办公厅关于印发2019年重点河湖生态流量(水量)研究及保障工作方案的通知》(办资管〔2019〕34号)提出,保障河湖生态流量(水量),事关生态文明建设和水利改革发展全局,对于维护国家水安全、生态安全具有重要意义。为落实通知要求,规范和统一2019年重点河湖生态流量(水量)保障实施方案编制及实施有关技术要求,便于实施方案的技术审查、报批、监督和考核等工作开展,水利部水利水电规划设计总院《关于印发2019年重点河湖生态流量(水量)保障实施方案编制及实施有关技术要求的通知》(水总研二〔2019〕328号)提出了具体的要求。

2019年,江苏省水利厅印发的《关于做好河湖生态流量(水位)确定和保障工作的指导意见》提出,江苏地处平原水网地区,河湖众多,水网密布,开展生态需水研究工作是彰显水乡特色、建设"环境美"新江苏的重要任务。

保障河湖生态水量是贯彻落实新时代国家生态文明建设和新时期党中央关于国家水利改革和经济发展战略的迫切需求。2020年4月,《水利部关于做好河湖生态流量确定和保障工作的指导意见》(水资管〔2020〕67号)提出,工作基本原则是人水和谐绿色发展、合理统筹三生用水、分区分类分步推进、落实责任严格监管。明确了工作目标分两个阶段进行:到2020年底,重要河湖生态流量目标基本确定,生态流量监管体系初步建立,推进过度开发的重要河湖分阶段生态流量目标研究确定工作;到2025年,生态流量管理措施全面落实,长江、黄河、珠江、东南诸河及西南诸河干流及主要支流生态流量得到有力保障,淮河、松花江干流及主要支流生态流量保障程度显著提升,海河、辽河、西北内陆河被挤占的河湖生态用水逐步得到退还;重要湖泊生态水位得到有效维持。在制定河湖生态流量目标方面提出了五项明确要求:一是明确生态流量目标确定事权;二是明确河湖生态保护对象;三是确定河湖生态流量控制断面;四是合理确定河湖生态流量目标;五是做好已建水工程生态流量复核。此外,还要求要落实河湖生态流量管理措施,包括强化流域水资源统一调度管理,改善水工程生态流量泄放条件,加强河湖生态流量监测,建立河湖生态流量预警机制。生态需水的研究已经成为当前的重点工作。

综上所述,开展生态需水研究工作是水资源保护、水生态文明建设等工作的现实需要,将为水资源保护与水生态修复工作提供强有力的技术支撑,也为未来河湖开发利用提供科学依据。

第二节 研究意义

在区域水资源开发利用规划与管理中,除考虑经济发展对水资源的需求外,还要考虑维持生态系统平衡对水资源的需求。河湖生态需水主要包括生态基流和水位两个方面,在合理开发利用有限水资源的基础上,要科学研究河湖生态基流和水位的问题,以实现水资源的科学配置和有效管理。河湖生态基流和水位是维持河湖生态平衡、满足河湖基本功能和维持自然再生产必须保障的基本流量和水位需求。因此,研究河湖生态基流和水位为实现区域水资源的合理配置、优化调度和可持续开发利用提供科学依据,具有十分重要的现实意义。

河湖生态系统作为自然界最重要的生态系统之一，是水文循环的重要路径，对区域物质、能量的传递与输送具有十分重要的作用。人类对河流湖泊的过度开发，容易导致河湖水文形势发生改变，出现河道径流量减少、生物多样性降低、湖泊湿地萎缩等系列生态问题，严重影响河湖生态系统健康。要维持河湖生态系统健康运行，首先需要满足河湖生态所需的最基本流量或水位。因此，研究确定河湖生态基流和水位对有效维持河湖水生态系统稳定、健康，同样具有十分重要的现实意义。

近年来，我国生态需水的研究取得了不少成果，但研究区域大都局限在干旱和半干旱的北方地区。受不合理开发利用和气候变化等人为和环境双重作用的影响，连云港市生活用水、生产用水和生态用水矛盾仍然突出，保证生态需水有利于控制江河湖泊开发强度，维系流域生态系统功能，从而不断改善生态系统环境。本书将以连云港市为例，进行生态需水研究。连云港市在江苏省属于欠发达地区，在今后较长一段时间内，发展经济、改善民生仍然是连云港市的首要任务。随着江苏省沿海开发进程的不断深入，区域工业化、城市化进程加快，人口不断增长，大量企业尤其是钢铁、石化等重化工企业逐步落户投产，经济社会发展对水资源的依赖程度将显著提高，河湖生态环境问题日趋突出，加强河湖管理、维护河湖健康生命，保障水资源可持续利用，已经成为全社会一项重要而紧迫的任务。开展生态需水研究工作，对维护河湖生态系统健康和保障经济可持续发展，具有十分重要的意义。

第三节　理论基础

河流的形成、发展和演变是一个自然过程，有其自身的发展规律。河流生态系统始终处于动态演进过程中，人类对河流系统的过度开发利用导致河流生态系统的演变过程发生了根本性变化，产生了对生态系统健康极其不利的影响。河流生态系统的演变过程大致可以分为原生状态期、急剧破坏期、水质改善恢复期、生态系统恢复期4个阶段。原生状态期河流生态系统的整体性未受到损害，系统处于一种原始的、基准的状态；急剧破坏期河流生态系统结构破坏，服务功能下降；水质改善恢复期河流生态系统的治理重点是污水处理和水质改善，而不是河流生态系统结构与功能的全面恢复与改善；生态系统恢复期河流生态系统以修复河流生态系统健康为目标。

人类对河流系统的过度开发利用导致生态系统健康状况逐渐恶化，为实现河流的可持续发展，河流健康状况评价和修复成为当前研究的热点。越来越多的学者认为，理解生态系统的全面性和整体性应把人类作为生态系统的组成部分而不是将人类与生态系统分开考虑，不考虑社会、经济与文化的生态系统健康的研究是不科学的，生态系统健康问题是人类活动导致的，不可能存在于人类价值判断之外。河流生态系统在发展演进过程中受到各种因素的干扰和影响，主要体现在河流水量、河流水质、河流形态结构、河流生境完整性及生物多样性等方面，这些因素可分为自然因素和人为因素。

河流生态系统不仅具有维持人类生产与生活的经济服务功能，包括生活用水、农业用水、工业用水、发电、航运、渔业等，而且具有维持自然生态过程与区域生态环境条件的生态服务功能，包括泥沙的推移，营养物质的运输，环境净化，维持森林、草地、湿地、湖泊、河流等自然生态系统的结构以及其他人工生态系统。不同区域的河流表现出不同的功能，同一条河流的不同河段自然生态功能也存在着差异，因此河流保护目标表现出区域和河段差异性。

由于流域水情和生态系统的季节性变化,河流保护目标的时段性特征明显,存在生态水文季节,因此河流生态保护目标是动态变化的。河流的生态功能表现出一定优先性,不同河流其优先性存在差异,因此必须依照河流生态功能的重要性制定河流保护目标。进行河流生态修复时,不可能使河流恢复到最原始状态,应尽可能地立足于长远和整体,保证水资源的可持续开发利用和水生生态系统的恢复,即河流保护目标表现为适度性。河流保护目标具有多重性,通过改进流域水、土地和相关资源的管理与开发方式,维护河流健康,实现人类、河流和其他生物共享河流水资源,使经济、社会和生态的综合效益最大化。因此,对于河流生态系统的保护,要紧密结合河流的具体生态系统功能和性质进行目标的识别与确定。

生态需水确定及其方法研究主要是针对一系列的水环境问题而开展的,是生态修复问题研究的热点和难点,也是水资源的开发与管控及其优化与调配、河湖等地区的生态环境保护与修复、地区涉水事务协调的基础。为了有效地保障河流功能正常地发挥并有效维持河流的健康发展,需要保障河流基本的生态需水。生态需水常用水量、流量进行表征。生态需水的主要侧重点往往在于一条河流中整体生态系统一年或者一个月的所需用水总量,而其中的生态流量则更加注重于时期不同、等级不同时的生态流量值及其具有的实际意义,实际中常用生态流量的满足程度来界定生态需水的保障程度。平原河网地区河道径流由于高度受到人工控制,闸坝分布密集,使得水文情势发生巨大改变,造成河流上下游众多水文、水力参数的不连续,流量与水位关系不对应。河道是河流生态系统的主体,而维持河道生态系统的正常离不开水的驱动,水是生态过程中不可或缺的驱动因子,而保证平原区人工化河道健康的必要条件是保持合理生态流量以及生态水位。因此,要达到维护平原区人工化河道基本功能的目的,必须科学地确定平原区人工化河道生态流量以及水位的阈值,这也是维护地区生态环境,实施严格水资源管理的基础,进而有利于达到平原区生态系统健康和社会经济发展之间的平衡,促进二者的协调发展。

第四节 研究进展

国内外学者在生态流量保障理论与实践方面积累了丰富经验。20世纪40年代,美国就意识到水资源开发影响渔业,到70年代水利工程建设高峰时期,生态流量研究与实践迅速兴起,并于80年代后期扩展到澳大利亚、南非、欧洲等国家和地区。至21世纪初,已有40多个国家和地区建立了上百种生态流量计算方法。我国生态流量研究始于20世纪90年代,在"九五"国家重点科技攻关项目"西北地区水资源合理开发利用与生态环境保护研究"、中国工程院项目"中国可持续发展水资源战略研究"、国家重点基础研究发展计划项目"黄河流域水资源演化规律与可再生性维持机理"等项目推动下快速发展,并在全国水资源综合规划、水电开发等实践中得到应用。

目前关于生态需水仍没有统一的定义,学者们针对研究对象的不同,提出了众多与河道生态需水研究相关的概念。国外对于生态需水量的研究开始较早,始于河流生态系统的研究。20世纪90年代以前,国外主要根据河流物理形态以及水生生物的需求来确定最小流量,侧重于河道生态系统,但是大多集中在研究个别鱼类与流量的关系,并未对与水相关的要素进行全面考虑,对生态系统的研究不够完整。20世纪90年代以后,国外学者不仅研究河道的最小和最适宜流量,而且还综合考虑了洪泛平原流量,全面考虑了河流生态系统的完整性,同时研究范围也扩展到了湖泊、湿地等其他生态系统类型。国外研究大致可分为3个阶段：

(1) 1940—1960年。早在20世纪40年代,美国已经开始深入地研究河流的流量与水生生物之间的关系,当时美国渔业与野生动物保护协会为了保护生物多样性而开展了河道流量问题的研究,规定了每条河流需要维护和保持的最低生态流量。这是与生态需水量相关的概念首次被提出,也标志着与生态需水量有关的研究的开始。1950年以后,为满足河流的通航功能,他们开始了河道枯水流量的研究,后来由于污染问题日益凸显,为满足河流水质要求又提出了最小可接受流量的概念。后来一些学者提出了基本流量的概念。20世纪60年代至70年代,一些学者根据当时提出的理论方法对一些典型的河流或工程进行了重新评估及规划,但并没有明确提出生态需水量的概念。

(2) 1970—1980年。20世纪80年代初期,美国对流域开发及管理目标进行了更为全面的调整,该阶段对于生态需水分配的研究初见雏形。首先美国渔业与野生动物保护协会于1971年提出确定河流基本流量的方法,然后坦南特(Tennant)于1976年提出了基于多年平均流量一定百分比的Tennant法。1978年,美国将生态需水纳入水资源评价中。20世纪80年代开始,河流的生态流量的概念被英国、澳大利亚、新西兰、南非等国家所接受并开展研究。

(3) 1990年至今。20世纪90年代之后,生态需水量以及环境需水量才正式引起关注,各国学者开始对此进行系统的研究。1995年,格莱克首先明确提出了"基本环境需水量"的概念,本质是生态恢复用水,并没有完全包括整个生态系统自身发展所需要的生态用水,之后格莱克对基本环境需水量进行完善将其和水资源短缺配置联系起来。同年,福尔肯马克提出了"绿水"的理念,主要是为了引导和提示人们注意生态系统中需要保证一定的水资源。之后随着水的可持续利用、河流连续体、洪水脉动等思想的提出,河流生态需水理论逐渐开始完善。

近年来,通过国际合作,生态流量的研究深度和广度不断扩大。对于生态需水,国际上有几个使用比较广泛的通用概念,包括河道内流量需求、最小可接受流量、生态可接受流量过程、环境流量等。总体来说,国外研究更加关注在整个生态系统中水资源发挥的作用,并对生态系统中各种与水有关的因素之间的关系进行综合研究,其中关于生物多样性的研究占据重要地位。

我国自20世纪70年代开始探索生态水量方面的研究,目前已取得了一系列的研究成果,主要研究历程可概括为以下3个阶段：

(1) 1995—2000年,为起步阶段。我们从国外引进了生态水量等相关概念和核算方法,生态用水和最小生态流量的概念在国内开始使用。为了有效地保证干旱区绿洲的健康和维持其生态系统可持续发展,汤奇成第一次明确地提出了干旱地区生态环境需水的概念。1995年,国务院环境保护委员会提出了在环境用水水资源规划时应当确保流域水质的改善和维持水生态系统的需求。代表性的研究主要有:1996年,中国水利水电科学研究院首次对干旱区生态需水进行了深入系统的研究;1999年,刘昌明等在黄河流域进行了水资源演化规律与可再生性机理研究,从而构建了流域尺度上的生态环境需水量的整合核算模型,提出了黄河的河流、河口、湖泊与湿地、旱地植被和城市等多种类型的生态环境需水量核算方法。

(2) 2000—2010年,为快速发展阶段。最小生态需水、适宜生态需水等生态需水的相关概念被提出,其核算方法也有很多。在该阶段,我国不仅关注生态需流量,还开始关注生态水量过程、发生时间和频率等更多的水文要素。代表性的研究主要有:2001年,陈敏建等对中国生态用水分区域的标准进行了研究,建立了一套生态需水理论与核算方法体系,研究范围涉及全国半干旱区、半湿润区和湿润区,并提出了符合我国国情的生态需水关键技术;2002年,为满足全国流域水资源综合规划的需要,水利部各流域机构深入开展了河流生态需水研究;2003—2009年,国家自然科学基金委在生态需水方面资助了"流域生态需水规律及时空配置研究"和"塔里木河下游生态安全与生态需流量研究"等项目;2006年,水利部组织开展了黄河健康修复关键技术研究工作,科学合理地确定了黄河流域的保护目标、保护规模和次序,深入研究了保证黄河流域正常运行所需要的水量。同时,在该阶段,政府相关部门开始高度重视生态水量保障相关工作,在相关法律法规和规划等方面开始对生态水量等提出明确的要求。2002年修订的《中华人民共和国水法》第一次明确出现了"生态环境用水"的表述;2005年《国务院关于落实科学发展观加强环境保护的决定》明确提出了经济社会发展要与水资源条件相适应,水资源开发利用活动要充分考虑生态用水;2010年,"全国水资源综合规划"和"流域综合规划"明确了主要控制断面或河段的生态水量等具体指标。在此基础上,政府相关部门针对重点生态薄弱地区,开始着手生态水量的调度工作,主要实施了引黄济淀、黄河水资源统一管理调度等,积累了一定的实践经验。

(3) 2011年至今,为成熟阶段。该阶段我国则更加注重生态用水与河流治理开发、修复等方面的结合,开始强调生态用水调度等方面的实践管理工作。2012年,《国务院关于实行最严格水资源管理制度的意见》(国发〔2012〕3号)明确要求建立生态用水及河流生态评价指标体系;2015年,国务院印发的《水污染防治行动计划》中提出要分期分批确定生态流量(水位);2018年,修订的《中华人民共和国水污染防治法》第二十七条指出,开发、利用和调节、调度水资源时,应当保障基本生态用水,维护水体的生态功能。同时,《河湖生态需水评估导则(试行)》《河湖生态环境需水计算规范》《河湖生态保护与修复规划导则》等一系列的规范标准,从不同角度对生态水量的相关概念内涵和核算方法进行了规范。2020年,《水利部关于做好河湖生态流量确定和保障工作的指导意见》(水资管〔2020〕67号)要求有关部门应当合理统筹三生用水,以分区分类分步的工作方式推进河湖生态流量保障工作,并且提出了河湖生态流量工作的总体目标。

我国河湖生态水量保障工作近年来不断加强,但生态水量的研究工作还处于不断完善阶段,对生态水量计算方法的适应性研究还有待深入和细化,探索出一套适合我国国情的生态水量标准化计算方法是当前关键且艰巨的一项任务。

本书所研究的生态需水是指特定时间和空间条件下,最大限度保证河流健康所预留的、满足一定水质要求的流量或水位,以确保生态系统不再退化。其内涵包括:保持天然河道自然形态结构完整及正常演化过程;维持水生生物正常发育、栖息与繁衍;维持与河道相连关系;维持大气水、地表水与地下水三者之间的水量转换;入海河口处,河道中应有足够的水动力来防止海水入侵;维持河流自净能力,以保持河流通过自净作用来降解污染物。

第二章 生态需水相关概念与计算方法

第一节 生态需水的确定原则

根据遵循河湖的生态规律、自然规律、经济规律、管理规律科学确定生态水位的精神，在水资源开发利用现状、用水矛盾及调度实施条件的基础上，以能够保护、改善河湖生态环境作为确定生态需水的科学依据。

（1）时空分异原则

生态需水具有明显的地域性与时效性，干旱区与湿润区、陆地与水域、同一流域上中下游不同，随着环境的治理改善、自然生态环境的逐渐恢复，生态需水的外延和内涵都会有所变化。因此，生态需水的研究因外部条件的改变或各项功能主导作用的交替变化而有所不同。

（2）主体功能优先考虑原则

河流具有调节气候、补给地下水、排沙输沙、稀释降解污染物、维持湿地及河口地区生物生存栖息环境、维持河流系统生物多样性等生态环境功能，其休闲娱乐功能也愈来愈受到人们的重视。由于各生态功能间相互影响、相互制约、协调发展，因此明确具体河流的主体生态与环境功能及相互间的作用关系是计算河流生态需水的基础。

（3）一水多用、协调确定原则

河流水体在满足某项生态环境功能时，也能满足或部分满足其他方面的生态需水要求。因此，应在满足各项生态环境功能需求的基础上，考虑水量的多功能性，对各生态环境功能进行合理协调，给出合理和可行的河流生态需水，以避免重复计算。

（4）水量水质耦合原则

河流生态需水的确定，不仅要满足水量要求，而且要满足水质要求。水量和水质共同影响着河流的生态系统，河流生态需水研究中所指的"量"应是水质和水量的耦合。对于生态基流的确定，不能只考虑所需水量的多少，还应考虑水质的好坏。

（5）河流整体考虑原则

在水资源开发利用中，应兼顾河流上下游间的水流特性及上游水量对下游来水量的影响，在上下游各河段生态需水都得到保证的基础上，对全流域水资源进行科学配置，以使流域内河流生态环境功能得到正常发挥。

（6）可持续性原则

河道生态需水确定的前提是"维持流域或者区域特定的生态环境功能"，应充分体现可持续性内涵。为了维持生态系统的良性循环，达到人与自然和谐的生态环境标准，必须明确取用水、排污等经济和社会活动对河流生态系统的影响,使其不超出现有的承受能力。

第二节 生态需水的相关概念

河流生态需水为将河流生态系统结构、功能和生态过程维持在一定水平所需要的水量。这些功能包括维持河流生物多样性功能、自净功能、调节水量、维持河道形态、文化功能等。河流生态系统是指河流水体中栖息着的生物与其环境之间由于不断地进行物质循环和能量流动而形成的统一整体。生态系统结构是生态系统内各要素相互联系、相互作用的方式,为生态系统的基本属性。生态系统的结构可以从两个方面理解。一是形态结构,如生物种类、种群数量、种群的空间格局、种群的时间变化以及群落的垂直和水平结构等。生态系统形态结构与植物群落的结构特征一致,外加土壤、大气中非生物成分以及消费者、分解者的形态结构。二是营养结构。营养结构是以营养为纽带,把生物和非生物紧密结合起来的功能单位,构成以生产者、消费者和分解者为中心的三大功能类群,它们与环境之间发生密切的物质循环和能量流动。生态系统功能是指生态系统与生态过程所形成及维持的人类赖以生存的天然环境条件与效用。生态系统服务功能是指人类从生态系统中获得的效益。

当前,对于河湖生态需水还没有明确的定义。水利部在近年制定并发布的标准中,如《河湖生态需水评估导则(试行)》(SL/Z 479—2010)、《水资源保护规划编制规程》(SL 613—2013)、《河湖生态环境需水计算规范》(SL/Z 712—2021)、《河湖生态保护与修复规划导则》(SL 709—2015)等,对生态需水、生态基流、生态水位的概念和计算方法均有明确要求。

《河湖生态需水评估导则(试行)》(SL/Z 479—2010)明确将生态需水定义为"将生态系统结构、功能和生态过程维持在一定水平所需要的水量,指一定生态保护目标对应的水生态系统对水量的需求"。对河流的某个断面,生态需水是一个流量过程,该流量过程的各个部分是生态需水要素,如最小生态流量、枯季各月生态流量、丰水期生态流量等。最小生态流量是指年内生态流量过程中流量的最小值。枯季各月生态流量是指年内月均生态流量过程中枯季各月的流量。丰水期生态流量是指年内生态流量过程中丰水期的流量。

《河湖生态保护与修复规划导则》(SL 709—2015)明确了生态需水包括河道内生态基流和敏感生态需水,对于湖泊、湿地还提出了最低和适宜生态水位的要求。

《水资源保护规划编制规程》(SL 613—2013)、《河湖生态保护与修复规划导则》(SL 709—2015)中均定义了生态基流为"为维持河流基本形态和生态功能,防止河道断流,避免河流水生态系统功能遭受无法恢复的被破坏的河道内最小流量"。

《水资源保护规划编制规程》(SL 613—2013)和《河湖生态保护与修复规划导则》(SL 709—2015)均规定了在确定生态基流时,应遵循以下原则:① 各种水利规划及工程设计必须满足河流生态基流要求,采用尽可能多的方法计算生态基流,对比分析各计算结果,选择符合流域实际的方法和结果。② 对于我国南方河流,生态基流采用不小于90%保证率最枯月平均流量和多年平均天然径流量的10%两者之间的大值,也可采用多年平均天然径流量的20%~30%或以上。对北方地区河流,生态基流分非汛期和汛期两个水期分别确定,一般情况下,非汛期应不低于多年平均天然径流量的10%;汛期可按多年平均天然径流量20%~30%计算。

《河湖生态保护与修复规划导则》(SL 709—2015)中明确了生态水位是对湖泊湿地等缓慢或不流动水域生态需水的特定表达。

因此,对于丘陵山区,则应用生态基流来表达生态需水;对于平原河网地区,则可以用生态水位来表达生态需水。

第三节 生态需水的计算方法

《河湖生态保护与修复规划导则》(SL 709—2015)引用了 SL 613 中关于生态基流和生态需水的相关内容,提出了应根据河流水系特点,拟定河道内生态基流控制断面,控制断面宜为水域内重要的水文断面,一个重要水域内可选取若干个控制断面;应针对规划河段重要控制断面,选择符合地区实际的方法计算生态基流;生态基流计算成果应与流域综合规划、流域水资源综合规划中确定的重要控制断面成果相协调。

选取生态基流和水位控制断面时,主要考虑下列几个方面:

(1) 主要河流湖泊的重要控制断面。
(2) 重要大中型水利枢纽的控制断面。
(3) 重要水生生物栖息地及湿地等敏感水域控制断面。
(4) 为便于监控,选择控制断面要尽可能与水文测站相一致。

一、生态基流计算方法

《水资源保护规划编制规程》(SL 613—2013)明确了常用的生态基流计算方法,同时提出了可参考《河湖生态需水评估导则(试行)》(SL/Z 479—2010)中的有关规定进行计算。常用的生态基流计算方法见表 2-1。

表 2-1 生态基流计算方法

序号	方法	方法类别	指标表达	适用条件及特点
1	蒙大拿法(Tennant 法)	水文学法	将多年平均流量的 10%～30%作为生态基流	适用于流量较大的河流;拥有长序列水文资料(宜 30 年以上)。方法简单快速
2	90%保证率法	水文学法	90%保证率最枯月平均流量	适合水资源量小,且开发利用程度已经较高的河流;应拥有长序列水文资料
3	近 10 年最枯月流量法	水文学法	近 10 年最枯月平均流量	与 90%保证率法相同
4	流量历时曲线法	水文学法	利用历史流量资料构建各月流量历时曲线,以 90%保证率对应流量作为生态基流	简单快速,同时考虑了各个月份流量的差异。应分析至少 20 年的日均流量资料
5	湿周法	水力学法	湿周流量关系图中的拐点确定生态流量;当拐点不明显时,以某个湿周率相应的流量,作为生态流量。湿周率为 50%时对应的流量可作为生态基流	适合于宽浅矩形渠道和抛物线形断面,且河床形状稳定的河道,直接体现河流湿地及河谷林草需水

表 2-1(续)

序号	方法	方法类别	指标表达	适用条件及特点
6	7Q10 法	水文学法	90%保证率最枯连续 7 天的平均流量	水资源量小,且开发利用程度已经较高的河流;拥有长序列水文资料

在长江、淮河、太湖流域及水资源综合规划、水资源保护规划和相关水量分配等历次江苏省河湖生态基流与水位研究计算工作中,主要采用的生态基流计算方法为蒙大拿法(Tennant 法)、流量历时曲线法和湿周法,下面对这三种方法予以重点介绍:

(1)蒙大拿法(Tennant 法)

① 计算方法。蒙大拿法建立了河流流量和水生生物、河流景观及娱乐之间的关系见表 2-2。它将年平均流量的百分比作为生态流量。

表 2-2 河内流量与鱼类、野生动物、娱乐及相关环境资源关系

第一列	第二列	
栖息地等定性描述	推荐的流量标准(占年平均流量百分比)/%	
	一般用水期(10 月至次年 3 月)	鱼类产卵育幼期(4~9 月)
最大	200	200
最佳流量	60~100	60~100
极好	40	60
非常好	30	50
好	20	40
开始退化的	10	30
差或最小	10	10
极差	<10	<10

河内流量与鱼类、野生动物、娱乐及相关环境资源的关系如下:

a. 对大多数水生生命体来说,10%的平均流量是建议的支撑短期生存栖息地的最小瞬时流量。此时,河槽宽度、水深及流速显著地减少,水生栖息地已经退化,河流底质或湿周有近一半暴露,旁支河道将严重或全部脱水。要使河段具有鱼类栖息和产卵、育幼等生态功能,必须保持河流水面、流量处于上佳状态,以便使其具有适宜的浅滩水面和水深。

b. 对一般河流而言,河流流量占年平均流量的 60%~100%,河宽、水深及流速为水生生物提供优良的生长环境,大部分河流急流与浅滩将被淹没,只有少数卵石、沙坝露出水面,岸边滩地将成为鱼类能够游及的地带,岸边植物将有足够的水量,无脊椎动物种类繁多、数量丰富,可满足捕鱼、划船及大游艇航行的要求。

c. 河流流量占年平均流量的 30%~60%,河宽、水深及流速一般是令人满意的。除极宽的浅滩外,大部分浅滩能被水淹没,大部分边槽将有水流,许多河岸能够成为鱼类的活动区,无脊椎动物有所减少,但对鱼类觅食影响不大,可以满足捕鱼、筏船和一般旅游的要求。河流及天然景色还是令人满意的。

d. 对于大江大河,河流流量占平均流量的 5%~10%,仍有一定的河宽、水深和流速,可

以满足鱼类洄游、生存和旅游、景观的一般要求,是保持绝大多数水生生物短时间生存所必需的瞬时最低流量。

表 2-2 中的栖息地是指与鱼类、野生动物、娱乐及相关环境资源,平均流量为多年平均天然流量。

本方法的计算结果为生态流量。从表 2-2 中第一列中选取生态保护目标所期望的栖息地状态,对应的第二列为生态流量占多年天然流量的百分比。该百分比与多年平均天然流量的乘积为生态流量。鱼类产卵育幼期的生态流量百分比与一般时期不同。

② 方法的特点。蒙大拿法是依据观测资料而建立起来的流量和栖息地质量之间的经验关系。它仅仅使用历史流量资料就可以确定生态需水,使用简单、方便,容易将计算结果和水资源规划相结合,具有宏观的指导意义,可以在生态资料缺乏的地区使用。但由于对河流的实际情况作了过分简化的处理,没有直接考虑生物的需求和生物间的相互影响,只能在优先度不高的河段使用,或者作为其他方法的一种粗略检验。因此,它是一种相对粗略的方法。

③ 方法的适用性。这种方法主要适用于北温带河流生态系统,更适用于大的、常年性河流,作为河流进行最初目标管理、战略性管理方法使用,不适用于季节性河流。

④ 方法的应用。蒙大拿法在美国是所有方法中第二常用的方法,是流量历史法中最为常用的方法,为美国 16 个州采用或承认,并在世界各地得到了应用。一些学者在美国弗吉尼亚地区的河流中证实:年平均流量 10% 的流量是退化的或贫瘠的栖息地条件;年平均流量 20% 的流量提供了保护水生栖息地的适当标准;在小河流中,定义年平均流量 30% 的流量接近最佳栖息地标准。

⑤ 注意事项。蒙大拿法作为经验公式,具有地区限制。因此,在使用该法前,应弄清该法中各个参数的含义。在流量百分比和栖息地关系表中的年平均流量是天然状况下的多年平均流量,其中某百分比的流量是瞬时流量。

(2) 流量历时曲线法

① 流量历时曲线法利用历史流量资料构建各月流量历时曲线,将某个累积频率相应的流量(Q_p)作为生态流量。Q_p 的频率 P 可取 90% 或 95%,也可根据需要做适当调整。Q_{90} 为通常使用的枯水流量指数,是水生栖息地的最小流量,为警告水资源管理者的危险流量条件的临界值。Q_{95} 为通常使用的低流量指数或者极端低流量条件指标,为保护河流的最小流量。

② 这种方法一般需要 30 年以上的流量系列。

③ 流量历时曲线法是生态基流计算水文学法中应用第二广泛的方法。

(3) 湿周法

① 计算方法。该方法利用湿周作为栖息地质量指标,建立临界栖息地湿周与流量的关系曲线,根据湿周流量关系图中的拐点(图 2-1)确定河流生态流量。当拐点不明显时,以某个湿周率相应的流量,作为生态流量。某个湿周率为某个流量相应的湿周占多年平均流量相应湿周的百分比,可采用 80% 的湿周率。当有多个拐点时,可采用湿周率最接近 80% 的拐点。此生态流量为保护水生生物栖息地的最小流量。

② 制约条件。湿周法受河道形状影响较大,三角形河道湿周流量关系曲线的拐点不明显;河床形状不稳定且随时间变化的河道;没有稳定的湿周流量关系曲线,拐点随时间变化。

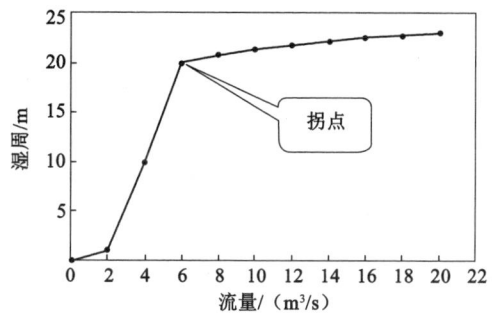

③ 适用范围。湿周法适用于河床形状稳定的宽浅矩形和抛物线形河道。

图 2-1　湿周流量关系示意图

二、生态水位计算方法

最低生态水位是指维持湖泊湿地基本形态与基本生态功能的湖区最低水位，是保障湖泊湿地生态系统结构和功能的最低限值。湖泊湿地最低生态水位计算方法可以采用频率分析法、天然水位资料法、湖泊形态分析法、生物空间最小需求法等。最低生态水位不能小于 90% 保证率最枯月平均水位。

适宜生态水位是指满足湖区或出湖下游敏感生态需水（与河流连通时）的水位，是保障湖泊湿地生物多样性的基本限值。对于闭口型湖泊，要考虑湖区生态需水，根据湖区水生生态保护目标要求，结合湖泊常水位和水面面积、湿地面积等，可采用生物空间法等确定适宜水位。对于吞吐型湖泊，除考虑湖区生态需水外，还需满足湖口下游敏感生态需水的湖泊下泄水量，可采用水文学法、生境模拟法等确定适宜生态水位。

《河湖生态需水评估导则（试行）》（SL/Z 479—2010）和《河湖生态环境需水计算规范》（SL/Z 712—2014）给出了河湖生态水位的计算方法，主要有 Q_p 法（排频法）、近 10 年最枯月平均水位法、湖泊形态分析法、最小生物空间法、最低生态水位法等。

(1) Q_p 法

Q_p 法又称不同频率最枯月平均值法，以河流控制面长系列（$n \geqslant 30$ 年）天然月平均流量、月平均水位或径流量 Q 为基础，用每年的最枯月排频，选择不同频率下的最枯月平均流量、月平均水位或径流量作为河流控制断面的生态基流。

频率 P 根据流域水资源开发利用程度、规模、来水情况等实际情况确定，宜取 90% 或 95%。实测水文资料应进行还原和修正，水文计算按 SL 278 的规定执行。不同工作对系列资料的时间步长要求不同，各流域水文特性不同，因此，最枯月也可以是最枯旬、最枯日或瞬时最小流量。

(2) 近 10 年最枯月平均水位法

缺乏长系列水文资料时，可采用近 10 年最枯月（或旬）平均流量、月（或旬）平均水位或径流量，即 10 年中的最小值，作为生态基流（最低生态水位）。

本方法适合水文资料系列较短时近似采用。

(3) 湖泊形态分析法

① 方法原理。该方法用于计算湖泊最低生态水位。这里湖泊最低生态水位定义为：维

持湖水和地形子系统功能不出现严重退化所需要的最低水位。

湖泊地形为湖泊的存在提供了支撑,为水文循环提供了舞台,同时,又对水文循环产生着制约。湖泊中的生物适应着湖水变化与湖盆形态。湖水与湖盆构成的空间是生物赖以生存的栖息地,是生物生存的最基本的条件。因此,湖水和湖泊地形构成了湖泊最基础的部分。要维持湖泊自身的基本功能,必须使湖水和湖泊地形子系统的特征维持在一定的水平。为此,从湖水、地形及其相互作用方面研究维持湖泊生态系统自身基本功能不严重退化所需要的最低生态水位。

湖泊生态系统服务功能和湖泊水面面积密切联系。因此,用湖泊面积作为湖泊功能指标。

采用实测湖泊水位(Z)和湖泊水面面积(F)资料,建立湖泊水位和湖泊水面面积变化率dF/dZ关系线。随着湖泊水位的降低,湖泊面积随之减少。由于湖泊水位和面积之间为非线性的关系,当水位不同时,湖泊水位每减少一个单位,湖面面积的减少量是不同的。在dF/dZ和湖泊水位的关系上有一个最大值。最大值相应湖泊水位向下,湖泊水位每降低一个单位,湖泊水面面积的减少量将显著增加,也即在此最大值向下,水位每降低一个单位,湖泊功能的减少量将显著增加。如果水位进一步减少,则每减少一个单位的水位,湖泊功能的损失量将显著增加,将是得不偿失的。湖泊水位和dF/dZ可能存在多个最大值。由于湖泊最低生态水位是湖泊枯水期的低水位。因此,在湖泊枯水期低水位附近的最大值相应水位为湖泊最低生态水位。如果湖泊水位和dF/dZ关系线没有最大值,则不能使用本方法。

② 方法公式。湖泊最低生态水位用下列公式表达:

$$F = f(Z)$$

$$\frac{\partial^2 F}{\partial Z^2} = 0$$

$$(Z_{\min} - a_1) \leqslant Z \leqslant (Z_{\min} + b_1)$$

式中,F为湖泊水面面积,m^2;Z为湖泊水位,m;$Z_{\min}$为湖泊天然状况下多年最低水位,m;a_1、b_1为和湖泊水位变幅相比较小的一个正数,m。联合求解上式即可得到湖泊最低生态水位。

③ 方法适用范围、归类、特点和应用历史。该方法属于水力学法,为半经验方法,优点是只需要湖泊水位、水面面积关系资料,不需要详细的物种和生境关系数据,数据相对容易获得。可用于那些对生态系统缺乏了解,对生态需水计算结果精度要求不高,且缺乏天然历史水位资料、生物资料的湖泊。缺点是体现不出季节变化因素,但它能为其他方法提供水力学依据,所以可与其他方法结合使用。

(4) 最小生物空间法

① 方法原理。生物的生存空间是生物生存的基础,保护生物生存空间就保护了生物生存的基础。湖泊水生态系统有多种生物,主要包括藻类、浮游植物、浮游动物、大型水生植物、底栖动物和鱼类等。最小生物空间法就是用湖泊各类生物对生存空间的需求来确定最低生态水位。湖泊水位是和湖泊生物生存空间一一对应的,因此,用湖泊水位作为湖泊生物生存空间的指标。湖泊植物、鱼类等为维持各自群落不严重衰退均需要一个最低生态水位,取这些最低生态水位的最大值,即为湖泊最低生态水位。在无法将每类生物最低生态水位全部确定时,可选用湖泊关键生物。

鱼类和其他生物类群相比在水生态系统中的位置独特。一般情况下,鱼类是水生态系统中的顶级群落,是大多数情况下的渔获对象。作为顶级群落,鱼类对其他类群的存在和丰度有着重要作用。鱼类对河流生态系统具有特殊作用,加之鱼类对生存空间最为敏感,故将鱼类作为关键物种和指示生物,认为鱼类的生存空间得到满足,其他生物的最小生存空间也得到满足。

② 方法公式。湖泊最低生态水位计算见下式:

$$Z_{emin鱼} = Z_0 + h_鱼$$

式中,$Z_{emin鱼}$ 为鱼类生存所需的湖泊最低生态水位,m;Z_0 为湖底高程,m;$h_鱼$ 为鱼类生存所需的最小水深,m,可以根据试验资料或经验确定。

③ 方法适用范围、归类、特点和应用历史。该方法属于栖息地定额法的一种,为半经验方法,对生态系统机理的研究很粗略,可用于那些对生态系统缺乏了解,并对生态需水计算结果精度要求不高,且具备所计算湖泊鱼类生存所需最小水深、湖底高程资料的湖泊。

最小生物空间法的优点是只需要湖泊鱼类生存所需最小水深、湖底高程,计算简单,便于操作;缺点是体现不出季节变化因素,生物学依据不够可靠。

(5) 天然水位资料法

天然情况下的低水位对生态系统的干扰在生态系统的弹性范围内。

① 方法原理。该方法用于计算湖泊最低生态水位。

在天然情况下,湖泊水位发生着年际和年内的变化,对生态系统产生着扰动,这种扰动往往是非常剧烈的。然而,在漫长的生态演化中,环境改造了生物,生物也适应了环境,湖泊生态系统已经适应了这样的扰动。

实际上,在漫长的生态演变过程中,湖泊生态系统已经无数次地受到低水位的扰动,生态系统逐渐调整水位(水深)方面的阈值,不断演化,适应了这样的低水位。正是这样,经过不断进化,湖泊生态系统达到现有状态。因此,天然情况下的低水位对生态系统的干扰在生态系统的弹性范围内,并不影响生态系统的稳定。因此,天然最低水位是生态系统水位阈值的下限。

然而,在人类干扰情况下,例如在枯季大量取用湖泊水源、上游人类用水导致入湖水量减少等,可能导致湖泊水位低于天然最低生态水位。这种变化在时间上是突然的,是生态系统在长期的演化过程中没有遇到的,因此,天然生态系统的原有的结构无法适应这样的变化,只有通过改变其结构来适应。天然生态系统是经过漫长的生态演变,经过物竞天择而得到的最优的生态系统,人类干扰导致的生态结构的改变将偏离天然最优的生态系统,向不利于人类的方向发展,也即导致生态系统的退化。因此,将天然最低生态水位作为湖泊最低生态水位可以维持湖泊生态系统的基本功能。由于天然最低水位的持续时间短,因此,最低生态水位是在短时间内维持的水位,不能将湖泊水位长时间保持在最低生态水位。

此方法需要确定统计的最低水位的种类。最低水位可以是年内瞬时最低水位、年内日均最低水位、年内月均最低水位、季节最低水位等。一般可采用年最低日均水位作为样本。

由于湖泊年最低水位是随机变量,因此,统计的水位资料系列越长,湖泊最低生态水位的代表性越好。一般统计的湖泊水位系列长度应该覆盖湖泊水位年际变化的一个完整长周期。流量历时曲线法在计算生态需水时要求统计系列长度不少于 20 年,这是一个可以参考的长度。

② 方法公式。湖泊最低生态水位表达式如下：
$$Z_{emin} = \min(Z_{min1}, Z_{min2}, \cdots, Z_{mini}, \cdots, Z_{minn})$$

式中，Z_{emin}为湖泊最低生态水位，m；min( )为取最小值的函数；Z_{mini}为第 i 年最小日均水位，m；n 为统计的天然水位资料系列长度，统计系列长度不少于 20 年。

③ 方法适用范围、归类、特点和应用历史。该方法属于水文学法，为经验公式法，用在对计算结果精度要求不高，湖泊天然逐日水位历史资料不短于 20 年的湖泊；或者作为其他方法的一种粗略检验。

该方法的优点是比较简单，不需要进行现场测量，容易操作，计算需要的数据较容易获得；缺点是对湖泊实际情况作了过分简化的处理，没有直接考虑生物需求和生物空间的相互影响。

第三章　连云港市生态需水的表征方式

第一节　生态需水表征指标

目前生态需水的表征有水位、流量、流速三种指标。

(1) 水位

水位是指水面与河底之间的距离,单位为 m,反映河道中水量的高度。水位变化受河网产水能力、水利调度、水库调蓄以及河流潮汐作用等因素共同影响。夏季汛期流量丰富,水位较高;冬季非汛期流量较小,水位较低,呈现季节性变化。

(2) 流量

流量是指水流每单位时间通过某个断面的水量,单位为 m^3/s,反映河道中水量的大小。按照流量的量级,流量可以分为枯期流量、平水期流量、洪水期流量。影响河流流量的因素主要有:降雨、蒸发、渗透、融冰、地下水补给、人类活动。流量主要有三方面特点:河流水流丰沛时,流量较大;河流流量变化幅度小时,洪水涨落缓慢;受人为干扰的影响较为突出。

(3) 流速

流速是指水流每单位时间内能够流经的距离,单位为 m/s,反映河道中水量的快慢。河流流速的影响因素有:断面的形态特征、河床的表面糙率、河底的坡降大小、河道的弯曲程度、水平和垂直方向的位置。对于大部分河流,中间流速大、岸边流速小、河面流速大、河底流速小。

第二节　连云港市生态需水表征指标

一、水文特性

连云港市地貌以平原为主,兼有土地、丘陵、岗地等,灌云、灌南地区地势平坦,横向约束力小,水流进入后开始向平面扩散,又因坡度降低,因此流速开始变小,加之受自然和人文因素的影响,形成了独特的水文特性,主要包括以下 2 个方面:

(1) 水位受季节性变化影响较明显。夏季汛期水量丰富,水位较高;冬季非汛期水量较小,水位较低,有些河流甚至出现断流情况。

(2) 受人类活动影响较大。由于受到河道改造频繁和灾害天气的影响,人们常通过兴修水利建设等措施进行水资源调蓄。

河网的水动力条件因素主要是径流和潮流,表现为以下 2 种水动力特征:

(1) 总体上呈现流量小、流速慢。依据谢才公式和曼宁公式,可知水力半径和河道比降越小,糙率越大,流速就越小,受潮汐和闸门控制影响,河道水体流动缓慢或几乎不动。

(2) 流向、流态呈现随机性变化。河湖水流往复、流速缓慢,且河口口门至潮区界之间的河段受潮汐影响导致水网河流呈往复流态。

由于连云港市水利工程较多,河网有着独特的功能特性,主要体现在以下3个方面:

(1) 水资源调蓄功能。河网密度高,河流众多,是重要的水资源载体,具有重要调蓄作用。

(2) 与浅层调水互补功能。在丰水期,河湖补给区域地下水;在枯水期,地下水补给河湖,以达到平衡状态。

(3) 满足社会发展需要功能。河湖不仅承担维护生态环境平衡的自然属性,还兼顾供给居民用水、船只航运、自然景观、行洪排涝、蓄水抗旱等社会属性。

二、生态需水表征指标

连云港市大部分河道水面比降小,总体上呈现流量变化幅度小、流速慢的特点。河网错综复杂,水体流向未知,要知晓水流的方向及来源较为困难,尤其是河网下游流向复杂,往往表现为往复流。生态水量若以生态流量和流速表征,则难以对生态水量进行监管和保障。

连云港市境内河湖众多、水网密布,水利工程体系相对完善,大部分河道具有防洪排涝与抗旱供水等综合功能,河道水流具有双向性、多功能性等特点,又因水位监测站布设较多,流量站布设较少,采用流量进行计算不实际,参考有关生态水位的定义,在水流方向不定的水网地区和潮汐河流,认为生态水量即为生态水位。基于科学合理和可测可控的原则,本书认为生态水量以生态水位表征较为适宜。

第三节 生态水位内涵及性质

一、生态水位的内涵

河流是由河道和河道中的水构建而成,足够的水位是保证河流各项功能的基础。《河湖生态保护与修复规划导则》(SL 709—2015)认为生态水位是对缓慢或停滞水域生态需水的特殊表达,而《河湖生态需水评估导则(试行)》(SL/Z 479—2010)认为生态需水是以维持生态系统功能为目的,维持河湖健康所需要的水量。因此,生态水位是在保证河网生态系统健康的前提下,以满足生态系统的生态功能为目的,各生态功能需要水量所对应的水位。

二、生态水位的性质

生态水位受自身和外界两类因素综合作用影响,一种是河道自身的结构和生态系统组成的影响,另一种是自然环境等外界环境因子影响。在各种因素的影响下,生态水位的性质主要表现为水位的时间性、空间性、阈值性。

(1) 时间性

时间性主要体现在水位变化的周期性和水位大小的随机性。周期性是指高水位季节(丰水期)和低水位季节(枯水期)交替出现,水位呈现周期性变化。除此之外,河流不仅仅受季节变化的影响,还受到地球生态系统演变过程中其他因素的影响,然而这些因素又是复杂且多样的,导致径流水位大小具有随机性。

(2) 空间性

空间性则体现在水平方向和垂直方向。在水平方向上,由于河流自上而下,从支流到干流连续流动,形成了独特的河网系统,为了给河网系统不同生物提供生存环境,造成了生态水位在水平方向上的不同;在垂直方向上,不同水生生物对河流的不同位置及不同生境的喜好各有不同,且河流和地下水的双向补给可达到丰枯互补,才能使得河流生态系统维持稳定,故生态水位在垂直方向上具有差异。

(3) 阈值性

阈值又叫临界值,保证水位变化范围在阈值范围内是保证生态系统健康的基础。如果生态水位的变化超过阈值范围,生态系统则会改变为另一个状态,生态系统的结构和功能将发生变化。

三、生态水位的功能特性及组成

连云港市河网形态复杂、水动力不足、受自然和人为等多种影响,因此生态水位的功能特性必须满足实现河湖的流通性、保障河道内主要生物可生存性、尽可能实现河湖的水质条件以及经济发展需求。

生态水位的功能特性应该包括:

(1) 连通性功能。保证河湖具有一定的水位以维持河流基本形态特征,保证河湖流通性和畅通性。

(2) 水生生物生境功能。因为河湖高度人工化,不能与自然河流一样能够自然恢复生物的多样性,因此生态水位应该保证河湖中主要水生生物的生长空间。

(3) 生态服务功能。维持良好景观,保障水体功能,实现人与自然的和谐,更好地服务于城市居民是最理想的状态,因此需要河湖满足一定的水质条件。

(4) 经济发展功能。水运仍旧是重要的交通运输方式之一,只有河湖满足水运的水位需求才能更好地促进当地的经济发展。

基于生态水位的性质可知,生态水位是一个区间,而不是由一个单一的生态水位组成,其中包括为满足河网连通性、生物生境等多种功能特性需要的生态水位,一般考虑基本生态水位、适宜生态水位满足稀释和自净需水水位和满足航运功能水位等。

生态水位主要包括以下几个方面:

(1) 基本生态水位

基本生态水位是指保证河流生态系统能够基本运行的最小临界阈值。

(2) 维持生物生存空间的生态水位

维持生物生存空间的生态水位也称为适宜生态水位,即鱼类生命各阶段所必要的生存水深,以及游鱼垂向转身需要的水深(鱼类体长的 2~3 倍),即能够保证水生生物生存的生态水位。

(3) 满足稀释和自净需水水位

满足稀释和自净需水水位是指在水体自身稀释和自净的作用下,水体中的污染物降低到正常范围内需要的水量所对应的水位。稀释是污染物进入水体后,由于溶液总量变大,从而使得污染物的浓度减少的过程。自净是污染物进入水体后，经物理、化学和生物的作用，污染物浓度随时间推移降低的过程。

（4）满足航运功能水位

航运是重要的交通方式之一，因此满足航运功能水位对地区的经济发展非常重要，故将满足航运功能水位纳入考虑范围。

湿润地区和半湿润半干旱地区两个区域水资源禀赋条件不同，水资源开发利用程度、生态保护对象及其用水需求也不一致，因此要根据各地区的水资源条件，统筹居民生活、社会生产和环境生态用水，因地制宜地确定生态水位组成。湿润地区区域降雨量大、径流量丰沛，基本生态水位可以得到满足，因此湿润地区不仅要考虑基本生态水位，还应加入生物、水质、生活等方面的因素。半湿润半干旱地区降雨量相对较小，径流量相对较小，地表水和地下水相互转化较频繁，常出现河流干枯、河面萎缩的现象，生态系统受损，维持河道基本生态水位是保障半湿润半干旱地区水系生态功能的核心问题，故只考虑基本生态水位。而湖泊一般用来灌溉、发电、防汛和养殖，一般不进行航运通行，故湖泊不考虑航运功能水位。

综上分析，湿润地区河流类生态水位由基本生态水位、维持鱼类生境的生态水位、满足稀释和自净需水水位、满足航运功能水位等组成；湿润地区湖泊类由基本生态水位、维持鱼类生境的生态水位、满足稀释和自净需水水位等组成；半湿润半干旱地区河流类和湖泊类生态水位只考虑基本生态水位。

第四章 区域概况

第一节 自然地理

一、地理位置

连云港市地处江苏省东北端,位于北纬 33°58′55″~35°08′30″、东经 118°24′03″~119°54′51″之间。东濒黄海,北与山东省日照市接壤,西与山东省临沂市和江苏省徐州市毗邻,南连江苏省宿迁市、淮安市和盐城市。东西最大横距约 129 km,南北最大纵距约 132 km。土地总面积 7 615 km²,海域面积 6 677 km²,市区建成区面积 182 km²。连云港市南连长三角,北接渤海湾,西依大陆桥,处于连接新亚欧大陆桥产业带、亚太经济圈、环渤海经济圈和长三角经济圈的"十"字结点位置,为陆上丝绸之路和海上丝绸之路交会点,是新亚欧大陆桥东桥头堡、中国首批沿海对外开放城市、中国重点海港城市、中国优秀旅游城市和中西部最便捷出海口岸。连云港市地处淮河流域、沂沭泗水系最下游,境内河网发达,两条流域性行洪河道新沂河、新沭河从境内穿过,沂、沭、泗诸水主要通过新沂河、新沭河入海,是著名的"洪水走廊"。但由于降雨时空分布等因素影响,本地水资源利用率较低,主要依靠调引江淮水。所以,在连云港市境内推动河湖生态水位保障工作,强化河湖生态水位监控和管理,制定河湖生态水位保障方案是十分必要的。

二、地形地貌

连云港市地处鲁中南丘陵和淮北平原的结合部,境内地形地貌复杂多变,山海奇观、河渠纵横、岗陵遍布,平原、大海、高山齐全,河库、丘陵、滩涂、湿地、海岛俱备,境内地势由西北向东南倾斜。

连云港市地貌以平原为主,兼有土地、丘陵、岗地等,基本可分为西部岗陵区、中部平原区、东部云台山区和沿海区四部分。西部低山丘陵岗陵区海拔 100~200 m,面积 1 730 km²;中部平原区海拔 3~5 m,主要是侵蚀堆积平原、河湖相冲积平原及冲海积平原三类,面积 5 409 km²,其中耕地面积 3 925 km²,约占全市土地面积的 71.0%;东部云台山区属于沂蒙山的余脉,有大小山峰 214 座,其中云台山主峰玉女峰海拔 624.4 m,为江苏省最高峰,全市山区面积近 200 km²;东部沿海区海岸类型齐全,大陆标准岸线 204.82 km,曲折悠长,其中 40.2 km 深水基岩海岸为江苏省独有。江苏省境内大多数海岛屿分布在连云港境内,包括东西连岛、平山岛、达山岛、车牛山岛、竹岛、鸽岛、羊山岛、开山岛、秦山岛、牛尾岛、牛背岛、牛角岛等 20 个,总面积 6.94 km²。其中东西连岛为江苏第一大岛,面积 6.07 km²。

三、水文地质

连云港市濒临黄海,既具有滨海平原的水文地质特征,又具有丘陵区的水文地质特征,地下水类型分为松散岩类孔隙水和基岩地下水两类。浅层地下水处于无压或微承压状态,大部分地区地下水矿化度较高。深层水多分布于 50 m 以深,地下水具有承压性质,水质较好,矿化度一般小于 1 g/L。

四、土壤植被

连云港地区属平原海岸,地势开阔,地形平坦,土壤类型不多。土壤分类单元与地理景观单元基本一致,生态类型的演替、地理景观的变化和土壤类型的发育三者步调基本一致,除了云台山区的棕壤和赣榆沿海部分地区(主要分布在境内南部海堤向内 10~20 km 范围)的砂姜黑土类外,其他广阔的平原海岸内,海堤以外潮间带内分布着滨海盐土类,堤内老垦区主要分布着潮土类(包括灰潮土、盐化潮土、棕潮土、盐化棕潮土)。

连云港市地处北暖温带向亚热带过渡地带,植被有南北兼具的特征。植被水平分布,南北差异不大,主要森林植被为赤松,南北均有分布,栽培农作物种类基本相同;东西变化明显,东部沿海天然植被多为芦苇、盐蒿,栽培作物以水稻、棉花为主,西部低山丘陵地带主要生长松树、灌木等。境内地形高差 500 m 左右,海拔 50~600 m 的山地多分布针叶林,50 m 以下则有针阔混交林。境内农垦历史久远,宜农、宜林的土地大多已被垦殖。覆盖平原地表的植被为人工栽培作物,栽种的农作物主要有麦、稻、棉花、油料、蔬菜等。低山丘陵广植林、果、桑、茶,大多为人工造林、封山育林后发育的次生植被。

五、河流水系

连云港市地处淮河流域、沂沭泗水系最下游,境内河网发达,可分为沂河、沭河、滨海诸小河三大水系。两条流域性行洪河道新沂河、新沭河从境内穿过,汛期要承泄上游近 8.0 万 km² 洪水入海,是著名的"洪水走廊"。全市共有 82 条河道列入江苏省骨干河道名录,其中流域性河道 4 条,区域性骨干河道 18 条,重要跨县河道 16 条,重要县域河道 44 条,有近 20 条河道直接入海;有 605 条县乡河道,其中县级河道 86 条,乡级河道 519 条,总长度 2 425 km,正常水位下河道蓄水面积约 264.76 km²。全市共有大型水库 3 座、中型水库 8 座、小型水库 155 座,总库容达 12.5 亿 m³。新沂河、新沭河、蔷薇河将全市水系划分为沂南、沂北、沭南、沭北四大片区。

沂南片区:新沂河以南区域,主要为灌南县域。沂南诸河属于灌河水系。灌河西起东三岔,东至燕尾港入海,全长 62.7 km,河口无控制,为天然港口。上游主要支流有盐河以东的武障河、龙沟河、义泽河,盐河以西为六塘河水系的南六塘河、北六塘河,柴米河水系的柴米河、沂南河。灌南中游支流主要有一帆河水系的一帆河、唐响河和甸响河。两岸各支河口均建有挡潮闸,排涝蓄淡。

沂北片区:新沂河、蔷薇河之间的区域,包括灌云县全部和连云港市区大部分。片区西部为岗陵水系,东部为善南的平原洼地河网水系和市区的烧香河、大浦河及排淡河水系。西部岗陵地区为古泊善后河的支流水系,主要河道有溺沟河、西护岭河、叮当河等。善南水系实行平原梯级河网化建设,以南北向的叮当河、官沟河为西部,中部、东部采用梯级水位控制,主要包括车轴河、界圩河、东门河、五灌河等骨干河道构成的平原河网水系。市区主要有烧香河、龙尾河、大浦河和排淡河等骨干河道,有小(1)型水库5座,小(2)型水库15座。

沭南片区:新沭河、蔷薇河之间的区域,主要包括东海县和市区部分。龙梁河和石安河两条等高截水沟、磨山河、乌龙河、鲁兰河、淮沭新河、马河、民主河等属蔷薇河水系。除石安河、龙梁河为南北流向外,其余河流大多由西向东,汇流入临洪河入海。片区内共有水库68座,其中大(2)型水库3座,分别为小塔山水库、石梁河水库及安峰山水库,中型水库7座,小型水库58座。片区内多座大中型水库串联成群,形成了集防洪、供水、灌溉等多种功能的水库群。

沭北片区:新沭河以北的区域,主要为赣榆城区。片区内共有主要河流17条,绣针河为省界河流,其他河流自成一体,属滨海诸小河水系,包括龙王河、青口河、朱稽付河、兴庄河等,呈东西方向,独流入海。境内共有水库80座,其中大(2)型水库1座,中型水库1座,小型水库78座。

连云港市主要河流特征见表4-1。

表4-1 连云港市主要河流特征表

序号	河道名称	所在水利分区	起讫地点	长度/km	功能	等级
一			流域性骨干河道(4条)			
1	沭河		苏鲁界—新沂河(口头)	44.7	防洪、治涝、供水	1
2	新沭河		苏鲁界—黄海(三洋港)	53.1	防洪、治涝、供水	1
3	新沂河		嶂山闸—黄海(燕尾港)	146.7	防洪、治涝、供水	1
4	通榆河北延段		响水引水闸—柘汪工业园	163.0	供水(含调水)、治涝、航运	2
二			区域性骨干河道(18条)			
1	石梁河	沂北区	大石埠水库—石梁河水库	65.5	防洪、治涝、供水(含调水)	4
2	石安河	沂北区	安峰山水库—石梁河水库	55.5	防洪、治涝、供水(含调水)	4
3	绣针河	沂北区	苏鲁界—黄海	7.6	防洪、供水	4
4	龙王河	沂北区	苏鲁界—黄海	24.3	防洪、治涝	4
5	青口河	沂北区	苏鲁界—黄海(青口河闸)	34.8	防洪、供水、航运	4
6	沭新河	沂北区	新沂河—蔷薇河	75.7	供水(含调水、饮用水源地)、防洪、航运	3
7	蔷薇河	沂北区	蔷薇河地涵—新沭河	53.7	防洪、供水(含调水、饮用水源地)、防洪、治涝、航运	3
8	古泊善后河	沂北区	沭新河—黄海善后河闸	89.9	防洪、治涝、供水(含饮用水源地)、航运	3
9	五灌河	沂北区	五图河—灌河(燕尾闸)	16.2	治涝、供水、航运	4
10	柴米河	沂南区	柴米河地涵—北六塘河	61.9	防洪、治涝、航运	3
11	柴南河	沂南区	十字—柴米河(孟兴庄)	44.8	治涝	4
12	北六塘河	沂南区	淮沭河(钱集闸)—义泽河	62.5	防洪、治涝、供水(含饮用水源地)、航运	3

表 4-1（续）

序号	河道名称	所在水利分区	起讫地点	长度/km	功能	等级
13	南六塘河	沂南区	古寨—武障河闸	44.2	治涝、供水、航运	4
14	义泽河	沂南区	盐河（义泽河闸）—灌河（东三岔）	10.9	防洪、治涝	3
15	武障河	沂南区	盐河—灌河（东三岔）	12.4	防洪、治涝、航运	3
16	灌河	沂南区	东三岔—黄海（燕尾港）	62.5	防洪、治涝、航运	3
17	盐河	沂南区	盐河闸—大浦河	151.1	供水（含调水）、航运、治涝	4
18	一帆河	沂南区	徐集—灌河（一帆河闸）	61.4	治涝、供水	4

第二节 社会经济

一、行政区划

连云港市现辖海州区、连云区、赣榆区、灌云县、灌南县、东海县等，共有 7 个乡、53 个镇、30 个街道办事处。2020 年连云港市具体行政区划情况如表 4-2 所列，乡、镇、街道办事处概况如表 4-3 所列。

表 4-2 2020 年连云港市行政区划一览表

地区	乡人民政府	镇人民政府	街道办事处	村民委员会	居民委员会
全市	7	53	30	1 428	276
市区	1	19	27	559	207
连云区	1		8	19	29
海州区		4	14	87	119
赣榆区		15		426	37
开发区			3	16	18
云台山风景区			1	9	2
徐圩新区			1	2	2
县区	6	34	3	869	69
东海县	6	11	2	346	25
灌云县		12	1	302	27
灌南县		11		221	17

表4-3 2020年连云港市全市乡、镇、街道办事处概况

地区		个数	名称
连云区	街道办事处	8	墟沟、连云、云台、板桥、连岛、海州湾、宿城、高公岛
	乡	1	前三岛
海州区	街道办事处	14	朐阳、新海、新浦、海州、幸福路、洪门、宁海、浦西、新东、新南、路南、花果山、南城、郁州
	镇	4	锦屏、新坝、板浦、浦南
赣榆区	镇	15	青口、柘汪、石桥、金山、黑林、厉庄、海头、塔山、赣马、班庄、城头、城西、宋庄、沙河、墩尚
开发区	街道办事处	3	中云、猴嘴、朝阳
云台山风景区	街道办事处	1	云台
徐圩新区	街道办事处	1	徐圩
东海县	街道办事处	2	牛山、石榴
	乡	6	驼峰、李埝、山左口、石湖、曲阳、张湾
	镇	11	白塔埠、黄川、石梁河、青湖、温泉、双店、桃林、洪庄、安峰、房山、平明
灌云县	街道办事处	1	侍庄
	镇	12	伊山、杨集、燕尾港、同兴、四队、圩丰、龙苴、下车、图河、东王集、小伊、南岗
灌南县	镇	11	新安、堆沟港、田楼、北陈集、张店、三口、孟兴庄、汤沟、百禄、新集、李集

二、人口和居民生活

2020年末,连云港市户籍人口534.48万人,比上年末增加0.07万人,增长0.01%。年末常住人口460.10万人,其中,城镇常住人口283.05万人,常住人口城镇化率为61.52%,比上年提高0.72%。

2020年,全体居民人均可支配收入为36 722元,增长3.8%,其中农村居民人均可支配收入19 237元,增长6.5%,城镇居民人均可支配收入36 722元,增长3.8%,农村、城镇居民可支配收入增速均高于地区生产总值增速。全年城镇居民人均生活消费支出21 403元,下降1.7%,农村居民人均生活消费支出11 885元,下降3.8%。

2020年,全年城市居民消费价格比上年上涨2.5%,低于上年3.0%的涨幅。分类别看,食品烟酒价格上涨8.7%,衣着价格下降1.4%,居住价格下降0.4%,生活用品及服务价格下降0.3%,交通和通信价格下降1.2%,教育文化和娱乐价格上涨1.1%,医疗保健价格上涨0.1%,其他用品和服务价格上涨5.1%。在食品烟酒价格中,粮食价格上涨2.5%,鲜菜价格上涨9.8%,畜肉价格上涨35.3%。

三、工农业

2020年,连云港市实现农林牧渔业总产值702.48亿元,按可比价计算增长2.2%。农林牧渔业增加值418.23亿元,增长2.2%,增速高于全省平均增速0.4个百分点。其中,农业增加值213.70亿元,增长2.4%;林业增加值6.41亿元,下降1.5%;畜牧业增加值49.31

亿元,增长1.4%;渔业增加值116.7亿元,增长1.5%;农林牧渔服务业增加值32.11亿元,增长4.8%。粮食产量稳中有增。全年粮食播种面积共767万亩(1亩=666.67平方米),单产480.5千克/亩,总产量368.5万吨。同去年相比,粮食播种面积增长1.1%,总产量增长0.53%。其中,小麦播种面积370.4万亩,总产量145.9万吨,播种面积和总产量分别增长2.1%、2.8%;水稻播种面积314.1万亩,总产量189.2万吨,播种面积与去年持平,总产量下降0.8%;玉米播种面积65.9万亩,总产量28.1万吨,分别下降1.3%、3.1%;豆类播种面积8.5万亩,总产量1.6万吨,分别增长10.3%、8.8%;薯类播种面积4.7万亩,总产量2.4万吨,分别增长11.8%、10.4%。

2020年,全市规模以上工业增加值增长4.5%。新兴产业增长较快。一是战略性新兴产业蓬勃发展。全市规模以上工业战略性新兴产业实现产值1 138.11亿元,增长5.2%,高于规模以上工业企业平均水平2.1个百分点,占全部规模以上工业产值比重为40.2%,较去年同期提高了2.6个百分点。二是高新技术产业突破千亿。全市高新技术产业实现产值1 105.22亿元,增长4.8%。其中医药制造业实现产值607.12亿元,增长2.5%,实现正增长;新材料制造业实现产值261.73亿元,与上年基本持平;新能源制造业实现产值109.01亿元,增长39.6%,增速居高新技术行业首位,行业发展全年保持高位增长;智能装备制造业实现产值77.51亿元,下降0.6%。

四、经济发展

2020年,连云港市实现地区生产总值3 277.07亿元,按可比价计算,增长3.0%。其中,第一产业增加值386.10亿元,增长2.0%;第二产业增加值1 372.35亿元,增长2.6%;第三产业增加值1 518.62亿元,增长3.8%。2020年,连云港市高质量发展成效显著。全市地区生产总值增长3.0%,高于全国平均水平0.7个百分点。产业结构持续优化,三次产业结构调整为11.8∶41.9∶46.3,第三产业占比较上年提高1.3个百分点。国家级高新技术企业净增67家,国家级企业技术中心总量为苏北第一。绿色发展不断深化,单位地区生产总值能耗下降3.4%。

2020年,全市固定资产投资稳步回升。全市完成固定资产投资1 987.77亿元,增长0.1%。其中项目投资完成1 619.56亿元,下降3.0%,房地产开发完成投资368.21亿元,增长16.0%。工业投资增长较快。全市工业投资完成1 253.04亿元,增长3.0%,高于全部固定资产投资2.9个百分点。其中工业技改投资完成330.11亿元,下降23.3%。制造业完成投资1 108.82亿元,增长1.4%,对工业投资增长贡献率为42.7%,拉动工业投资增长1.3个百分点,其中投资超百亿的有:化学原料和化学制品制造业208.07亿元、石油煤炭及其他燃料加工业136.33亿元、非金属矿物制品业141.78亿元、计算机通信和其他电子设备123.76亿元。

五、交通运输

连云港市位于南北过渡和陆海过渡的交会点,是国际通道新亚欧大陆桥东端桥头堡,是陇海铁路、沿海铁路两大国家干线铁路的交会点,也是中国南北、东西最长的两条高速公路同三高速和连霍高速的唯一交点,具有海运、陆运相结合的优势,是国家规划的42个综合交通枢纽之一。如今,连云港市已经建成海、河、陆、空四通八达的立体化、现代化的交通网络,具备较强的物流承载和运输能力。

"十三五"期间,连云港市加快综合交通运输体系建设,"大港口、大交通"的发展格局加快形成。全市交通基础设施完成投资总额为633亿元,比"十二五"时期增长21.3%。建成投用连云港区30万吨级航道,徐圩港区30万吨航道加快建设,拥有万吨级以上生产泊位71个。2020年完成货物吞吐量2.52亿吨,集装箱480.4万个标准箱。港航运输网络日益完善,开通包括中东、美西南、非洲3条远洋干线在内的集装箱航线73条,形成覆盖海上丝绸之路主要国家或地区的高密度运输网。铁路国际班列运输稳步增长,开通阿拉山口、霍尔果斯、喀什、二连浩特4条国际过境通道的港口。通道沿线物流园区逐步形成规模,搭建起以中哈物流合作基地、上合组织国际物流园、霍尔果斯东门无水港为重要节点的物流链式发展格局。公铁水空加速发展,构建国家级铁路枢纽及高速公路网、4D级空港、覆盖苏鲁豫皖内河网络等海陆空兼备的全国性综合交通枢纽。铁路发展取得重大突破。青盐铁路、连淮扬镇铁路、城市动车、旗台作业区铁路专用线开通运营,连徐高铁、上合物流园铁路专用线主体建成。连云港高铁站及综合客运枢纽一期工程投入使用,赣榆、灌云、灌南铁路综合客运枢纽建成投入运营,东海铁路综合客运枢纽建成。全市公路通车总里程1.21万km,密度高于全省平均水平。以疏港航道、盐河航道为主的干线航道网实现千吨级船舶直通京杭大运河。海河联运体系不断完善,内河航线基本实现苏鲁豫皖内河港口全覆盖,海河联运量突破1 500万吨。白塔埠机场实现一类口岸开放,花果山国际机场主体建成。

(1) 铁路

连云港是陇海铁路、沿海铁路两大国家干线铁路的交会点,更是"八横八纵"高铁网中陆桥通道、沿海通道的交会点。境内铁路全长99 248 m,可直达全国各大中城市,并开通至郑州、西安、成都、兰州、阿拉山口和绵阳等地的集装箱运输"五定"班列,以及至阿拉木图、塔什干的中亚班列和至伊斯坦布尔的中欧班列,承担新亚欧大陆桥90%以上的过境集装箱运输。连云港依托陇海铁路,连云港铁路客运和货运列车可直通北京、上海、南京、杭州、成都、武汉、西安、宝鸡、兰州、乌鲁木齐等大中城市,并通过京沪线、京九线、陇海线等连接中国各地。连云港通过青盐铁路连接济青高铁、京沪高铁,开通直达济南、石家庄、沈阳方向的动车。伴随着灌云和灌南铁路开通运营,全市铁路客运迈入"高速时代",总体实现爆发性增长。2020年12月11日,连淮扬镇铁路全线开通运营。2020年,境内铁路客运总量570.06万人次,铁路货运发送总量5 001.37万吨。

(2) 公路

连云港市公路对外交通已全部实现高速化,密度在全国、全省名列前茅,是全国45个公路主枢纽之一,204国道穿境而过。高速公路通车总里程达336 km,密度达4.51 km/km²。沈海、连霍、长深三条高速公路在境内交会,同时也是中国南北、东西最长的两条高速公路——同三高速和连霍高速的唯一交会点。

(3) 机场

连云港现有的白塔埠机场为军用机场,是江苏省地级市中第一个、全国沿海地区第八个通航的机场。2020年,连云港白塔埠机场新增南昌、武汉、泉州、西宁航线,加密上海、广州至每日3班,开通西安—连云港全货机航线,通达北京、南京、呼和浩特、上海、广州等39个国内外城市。连云港花果山国际机场,是江苏"两枢纽一大六中"规划的"一大"——省内大型机场(干线机场),为江苏省第三大国际机场,仅次于南京禄口国际机场和苏南硕放国际机场。机场定位为江苏沿海中心机场,坚持发挥独特区位优势,以建设服务苏北鲁南地区,面向亚太的国际航空港为目标,着力打造东方物流中心。2021年12月1日开始运行。

(4) 港口

连云港港地处中国沿海中部的海州湾西南岸、江苏省的东北端,主要港区位于北纬34°44′,东经119°27′。连云港港是中国沿海十大海港、全球百强集装箱运输港口之一,开通了50条远近洋航线,可到达世界主要港口。港口北倚长6 km的东西连岛天然屏障,南靠巍峨的云台山东麓,人工筑起的长达6.7 km的西大堤,从连岛的西首将相距约2.5 km的岛陆相连,使之形成约30 km²的优良港湾,为横贯中国东西的铁路大动脉——陇海、兰新铁路的东部终点港,被誉为新亚欧大陆桥东桥头堡和新丝绸之路东端起点,与韩国、日本等国家主要港口处于500海里(1海里=1.852千米)的近洋扇面内,是江苏省最大海港、苏北和中西部最经济便捷的出海口,形成以腹地内集装箱运输为主并承担亚欧大陆间国际集装箱水陆联运的重要中转港口,是集商贸、仓储、保税、信息等服务于一体的综合性大型沿海商港。

第三节 水 文 气 象

一、气候概况

连云港市处于暖温带向北亚热带的过渡地带,属暖温带南缘湿润性季风气候,兼有暖温带和北亚热带气候特征。一年四季分明,气候温和,光照充足,雨量适中,雨热同季。全市年平均气温为13.2~14.0 ℃,无霜期为206~223 d。极端最低气温为−21 ℃,最高气温为40 ℃(1959年8月20日),年均日照时数为2 450.2 h。年平均风速为3.1 m/s,最大风速为29.3 m/s。因处于海洋与陆地、低纬与高纬、温带与亚热带交界处,全市盛行偏东风,主要风向为东南风,具有春旱多风、秋旱少雨、冬寒干燥的特点,同时,灾害性气象相对较多,主要有旱涝、冰雹、台风、暴雨和低温等。

二、降水、径流和蒸发

连云港市多年平均年降水量为895.9 mm,年最大降水量为1 308.0 mm(2005年),年最小降水量为588.0 mm(1988年),最大与最小年降水量之比为2.2。降水量年内分配不均,主要集中在汛期(5~9月),多年平均汛期降水量约占全年总降水量的70%。降水量空间分布不均,由南向北递减。连云港市年平均年径流量为19.78亿 m³,多年平均径流深为264.90 mm,全市多年平均水面蒸发量为846.80 mm。

三、水资源

按照全国水资源综合规划的统一分区,连云港市属于淮河区(一级区)的沂沭泗河区(二级区)的沂沭河区和日赣区(三级区),其中灌南县属于沂沭河区的沂南区(四级区),灌云县、东海县和市区属于沂沭河区的沂北区(四级区),赣榆区属于日赣区的赣榆区(四级区)。连云港市水资源四级区套县级行政区见表4-4。

表 4-4　连云港市水资源四级区套县级行政区表

一级区	二级区	三级区	四级区	单元
淮河区	沂沭泗河区	沂沭河区	沂南区	灌南县
			沂北区	东海县、灌云县、市区
		日赣区	赣榆区	赣榆区

连云港市多年平均地表水资源总量为 19.78 亿 m³，其中沂南区多年平均年地表水资源量为 2.53 亿 m³，占 12.79%，折合径流深为 246.1 mm；沂北区多年平均年地表水资源量为 13.16 亿 m³，占 66.53%，折合径流深为 263.10 mm；赣榆区多年平均年地表水资源量为 4.09 亿 m³，占 20.68%，折合径流深为 284.40 mm。

第四节　水 利 工 程

连云港市位于沂、沭、泗水系最下游，沂、沭、泗流域 8 万 km² 的洪水通过新沂河贯穿市域入海，成为典型的"洪水走廊"。全市地势由高程 60.0～120.0 m（废黄河零点，下同）的西部山丘岗陵地区向高程仅 2.0～3.0 m 的东部平原洼地倾斜。连云港市特殊的地理位置和气候特征，决定了其易旱易涝，易受台风暴潮袭击。该地区的洪涝灾害特征主要表现为台风、暴雨、天文大潮和上游大流量洪峰过境这 4 个要素单独或者组合影响。

中华人民共和国成立以来，连云港市人民在各级党委和政府的领导下，充分发扬艰苦奋斗、自力更生的精神，依靠人民群众的力量，在国家的支持下，开展了大规模的水利建设，兴建了大量的水利工程，先后掀起三次治水高潮，已建成了数量众多、类型较齐全的工程设施，建成了防洪挡潮、除涝、降渍、灌溉与供水以及跨流域调水等五套水利工程体系；在全市范围内形成了能泄能蓄，能引能挡，并能在流域间互相调剂的发挥综合功能的新水系；并构建了不同层次的由流域、区域、城市防洪工程组成的防洪格局，全市防洪标准基本达到 10～20 年一遇。

分布在城市周边地区直接影响城市防洪安全的主要水库、河流，西有石梁河、安峰山等大型水库，北有新沭河等流域性行洪河道，南有新沂河流域性行洪河道和善后区域性排洪河道，中有蔷薇河等区域性排洪河道，东有黄海的潮汐顶托影响和海洋风暴潮的威胁，形成上有大型水库居高临下，下有风暴潮袭击，左右有大型流域性行洪河道，内有云台山、锦屏山山洪下泄相威胁的局面。城市处在洪潮的四面包围之中，由此而造成的城市防洪排涝任务十分艰巨，所面临的防台御潮形势相当严峻。

城市外围防洪依托新沭河、蔷薇河、善后河堤防和海堤构筑防洪屏障，城市内部山洪治理依靠小水库滞蓄和截洪沟导泄，城区内部排涝采用分片治理、排蓄兼筹、自排抽排结合的城市总体防洪排涝格局。

一、河道堤防

连云港市地处淮沂沭泗流域最下游，处在江水北调和江淮水供给的最末端，境内河网稠密，主要河道堤防有 504 km，同时连云港有 211.6 km 的海岸线，建有一级海堤 144 km。新沂河、新沭河是流域性行洪河道，一级堤防与二级堤防主要为新沭河与新沂河堤防，一级堤防长度为 172 017 m,二级堤防长度为 56 838 m。三级河道堤防为灌河左右堤与青口河左右堤,长度为 161 700 m。蔷薇河目前防洪设计标准市区段为 20 年一遇,上游为 10 年一遇,堤防等级为三级。连云港市堤防工程基本情况见表 4-5。

表 4-5 连云港市堤防工程基本情况表

名称	起讫地点	堤长/m	备注
新沂河堤	南岗—燕尾港	68 580	一级
新沂河堤防右堤灌南县段	孟兴庄—堆沟港	68 237	一级
新沭河堤防右堤开发区段	猴嘴街道	14 000	一级
新沭河右堤新浦区段	浦南镇	21 200	一级
新沭河堤防	沙河—罗阳	43 000	二级
新沭河右堤东海段	石梁河镇—黄川镇	13 838	二级
灌河右堤	张店镇—三口镇	20 500	三级
灌河左堤	张店镇—堆沟港镇	66 700	三级
青口河右堤	塔山镇—青口镇	27 000	三级
青口河左堤	塔山镇—青口镇	47 500	三级

二、流域性行洪河道

连云港市流域性行洪河道为新沂河和新沭河。新沂河既是骆马湖的排洪出路,又是沂沭泗河洪水主要入海通道之一,也是相机分泄淮河洪水的通道。新沭河是将沭河部分洪水分泄直接入海的重要通道,沭河洪水经大官庄闸下泄后进入新沭河,再经石梁河水库调蓄后排放入海。

(1)新沂河

新沂河自嶂山闸流经江苏省宿迁、新沂、沭阳、灌南、灌云等县(市)由灌河口入海,全长 146 km,是沂沭泗流域主要排洪入海通道。新沂河两岸汇入支流较少,全部位于中上游段,不承担境内洪涝水排放,新沂河除老河、淮沭河支流外,还有北岸的新开河、南岸的柴沂河汇入,区间面积 2 543 km²。新沂河按 50 年一遇防洪标准完成除险加固工程,嶂山闸至口头行洪量为 7 500 m³/s,口头至海口行洪量为 7 800 m³/s。在设计洪水位下,河床可容蓄水量 10 亿多立方米,保护新沂河南北平原地区 53.5 万公顷耕地。1974 年沭阳站最大行洪量为 6 900 m³/s,相应最高水位为 10.76 m(废黄河高程,下同)。河道自嶂山闸至沭阳城关为上段,长 43 km,河床陡,河道比降较大,水流湍急,流势不稳,流态紊乱;沭阳城关至小潮河为中段,进入古沂沭河近海平原,南与灌河一堤隔之,长 67 km,河道比降减缓,滩地淤沙向东推进,河面逐渐展宽,风浪增高;小潮河至入海河口为下段,长 34 km,河道比降平缓,至东友涵洞 1 km 处,河床高程降至最低点,东友涵洞以东至河口,河床淤积逐渐升高,河口则成倒比降,被称为"噘嘴唇",为天然阻水段,河面开阔,两岸堤防常受风浪冲蚀和潮汐影响。两岸堤防除沭阳以西南岸部分地势高河段未筑堤外,其余河段两岸筑堤,漫滩行洪,南堤长 130 km,北堤长 146 km,堤距自西向东展宽,嶂山闸下 500 m,口头 920 m,沭阳 1 260 m,盐河 2 000 m,至小潮河闸以下展宽到 3 150 m。两岸汇入支流除沭河与淮沭河外,流域面积超过

100 km² 的，北岸有新开河，南岸有柴沂河，沿线涵闸 24 座，行洪量总规模达 851.6 m³/s。新沂河两岸地势自西向东渐低，嶂山附近地面高程为 18~22 m，盐河东为 2 m，东友涵洞附近为 1.7~1.9 m，至入海出口又升高至 2~3 m。

历史上，沂河为泗水支流，由淮河入海，黄河夺泗淤塞泗水河道，泗沂洪水失去出路，逐渐潴积成骆马湖。汛期，骆马湖洪水由总六塘河入南北六塘河经灌河入海，部分经中运河入淮阴以下废黄河入海。1949 年夏，沂沭泗流域暴发洪水，沭阳县徐口以东一片汪洋，田庐尽成泽国。

1949 年冬，为安排洪水出路，苏北区党委根据党中央整治沂沭河的决定，确定"导沂整沭、沂沭合流"治理原则，选定自嶂山至滨海堆沟，采用"筑堤束水，漫滩行洪"方案，开挖新沂河，将沂沭泗河洪水排入黄海。行洪设计标准：沂河临沂洪峰 6 000 m³/s，泗河、中运河 500 m³/s，经骆马湖和黄墩湖滞洪后，中运河控制下泄 1 360 m³/s，开辟嶂山口门入新沂河 710 m³/s，沭河来水 2 500 m³/s，新沂河在口头以下按行洪 3 500 m³/s 挖泓筑堤。同年 11 月，采取"以工代赈，治水结合救灾"，组织十县开挖新沂河土方 2 882 万 m³。1950 年 4 月，小潮河打坝合龙。1951—1953 年，新沂河全面复堤，培修加固。新沂河经历第一次洪水考验，1950 年 7 月 5 日至 8 月 21 日先后 5 次行洪。第五次行洪，沭阳西关 8 月 16 日最高水位达 9.46 m，流量为 251 m³/s，沿堤 4 万多干部群众历时 47 天日夜抢护安全度汛。

1954 年，淮河水利委员会提出"沂沭汶泗洪水处理意见"，口头以下新沂河最大泄量为 4 500 m³/s。1957 年 7 月，沂沭泗大水，黄墩湖滞洪，新沂河超标准行洪，沭阳站最大流量为 3 710 m³/s，新沂河大堤出现多处严重渗漏，沭阳以西北堤坐湾迎溜段遭严重冲刷。同年，淮河水利委员会编制《沂沭泗流域规划》，提出新沂河按行洪 6 000 m³/s 标准设计、7 000 m³/s 校核。1958 年 1 月，江苏省人民委员会批准新沂河大堤按行洪 6 000 m³/s 全面加固加高。1958 年，淮阴专署动员泗阳、泗洪、沭阳、淮阴、涟水、灌云、灌南七县民工，历时 3 年，在沭阳许口以下至海口两堤背水坡做戗台 224 km，加固盐河南北闸，以适应新沂河行洪。1959 年 10 月，兴建嶂山闸和扩挖嶂山切岭。1960—1962 年，在灌南县境内开挖东友引河，新沂河南堤兴建东友涵洞，使新沂河尾闾段洼地汛后积水能够较快排除，保证滩地种麦。1963 年，新沂河北堤按行洪 4 000 m³/s、沭河按行洪 2 000 m³/s，复堤大马庄至邵曹路 7.3 km，超高 1.5 m，顶宽 6 m，迎水坡比为 1∶2~1∶5，背水坡比为 1∶3，口头堤顶高程为 20.10 m，邵店堤顶高程为 20.83 m，护坡 1 km。1964 年春，修复新沂河险工地段 91 km，并实施滩地保麦圈圩工程，以盐河、小潮河、岑池河、南中泓为界圈成 5 个大圩。嶂山切岭历时 3 个春冬，完成土方 724 万 m³。1966 年，实施邵店至口头北堤培堤 5.8 km、块石护坡 1.5 km。1965—1973 年，实施新沂河续办工程，新建涵闸 16 座、偏泓生产桥 70 座、电排站 6 座。

1974 年汛期，沂沭泗流域发生特大洪水，新沂河超标准行洪，8 月 16 日沭阳站最大流量达 6 900 m³/s，灌云县叮当河涵洞上游水位为 8.04 m。沭阳、灌云、灌南三县组织数万民工上堤抗洪抢险，新沂河经受了建成以来最严峻的一次考验。同年冬，根据江苏省防汛指挥部下达的 12 项水毁修复工程任务，实施新沂河复堤加固、险工修复等 9 项工程并实施桃汛处理、保麦子埝整修、堤防绿化与铺设防汛道路等。1976 年 2 月，江苏省水利厅会同有关地县实地查勘新沂河险工地段，提出行洪 6 000 m³/s 急办工程 18 项，经江苏省计委批复，于 1977 年冬至 1983 年相继完成。

1983—1986年,按行洪7 000 m³/s标准,除险加固大马庄至口头段13.4 km,堤顶宽8 m,堤顶超高洪水位3.00 m,前戗台顶宽8.00 m,超高洪水位1.00 m,边坡比1∶3;块石护坡12.9 km。接长和新建桥涵9座、漫水路面15条,新修防汛公路12.9 km。

1988年,新沂河除险加固工程灌云县境内完成新沂河北堤灌云段68.6 km复堤加固,部分堤段块石护坡及铺设防汛石子路面,完成淮高灌公路交叉工程,盐河老北闸改涵洞,新建盐西节制闸及挡水坝、盐东滚水坝,打建团结涵洞,增建北偏泓生产桥28座。1984年冬,灌南县境内实施东友涵洞西至堆沟挡潮坝东15.1 km堤段复堤加固;1985年完成接长、新建、加固生产桥45座,建成保麦子埝涵洞33座;1985年实施小潮河滚水坝工程,同时加固新沂河南堤海口段大堤2.3 km;1987—1988年,实施叮当河南闸拆建工程;1988年5月,为保证新沂河南偏泓排桃汛时滩地麦熟稳收和向北偏泓补充灌溉水源,兴建叮当河节制闸,为加速滩地退水种麦和麦作期排涝,开挖南北向中沟,建简易排涵。

1991年开始,在治淮工程中,按20年一遇防洪标准对新沂河进行续建,设计行洪流量为7 000 m³/s。主要建设内容为:海口控制工程(包括南深泓闸、北深泓闸以及橡胶坝工程等)兴建;南北堤堤顶防汛道路(共长63.4 km)和南北堤块石护坡(共长17.2 km)修筑;干河及岔流新开河险工段处理;南堤大小陆湖险工段防渗处理,小潮河坝段防渗处理及小潮河闸加固;新团结涵洞、老团结涵洞、盐河南闸、盐河北闸、沭新闸、东友涵洞、叮当河涵洞、宋营涵洞、陆宋涵洞、侍岭涵洞、沂北闸加固,宿豫境内南堤复堤等。至1998年,新沂河20年一遇防洪工程共完成主要工程量:土方559万 m³、砌石12.8万 m³、混凝土及钢筋混凝土7.5万 m³,工程投资26 142万元。

虽对新沂河实施了治理工程,但沿线堤防险工隐患仍没有得到彻底处理。为争取江苏省内沂沭泗地区在防洪上处于安全度汛主动位置,确保新沂河沿线堤防安全,在沂沭泗河洪水"东调南下"续建工程未实施前,从1999年开始,省政府安排实施新沂河堤防消险加固工程。根据1998年汛期出现的险情,安排堤防防渗处理、险工段除险加固、滩面及泓道清障、防汛道路修建,穿堤建筑物拆除重建5座,除险加固11座,工程总投资13 010万元。

按20年一遇防洪标准实施复工工程和堤防消险工程后,从历次行洪情况看,新沂河行洪流量仍未达到7 000 m³/s的设计标准,且暴露出来的问题很多,主要表现在中流量、高水位,防汛压力大。从2006年9月开始,按50年一遇防洪标准实施新沂河整治工程,干流按50年一遇防洪标准、支流按20年一遇防洪标准治理。河道整治采用半抬高水位方案,扩建海口控制枢纽。主体工程于2006年9月开工,2008年5月完工,共完成主要工程量:土方5 213万 m³、石方22万 m³、混凝土及钢筋混凝土19万 m³,工程投资15.2亿元。2008年汛期,嶂山闸行洪最大流量达5 000 m³/s,这是嶂山闸建闸以来仅次于1974年的下泄流量,且大堤未发现异常情况。

2010年12月10日,沂沭泗河洪水"东调南下"续建工程——新沂河整治工程通过水利部淮河水利委员会同江苏省水利厅组织的竣工验收。

新沂河出嶂山闸,经嶂山切岭循新沂、宿迁边界东行5.5 km,北有湖东自排河汇入。峰山闸坐落于马陵山麓的峰山切岭处,是控制骆马湖水位的重要防洪工程。峰山切岭是为峰山闸排洪与蓄水,相应扩大闸上游引河,将南北走向的马陵山麓峰山拦腰斩断的切岭工程。

新沂河自大马庄涵洞向东流经12 km至口头,入宿迁市境内。沭河自北汇入,北堤有1965年兴建的口头涵洞。在宿迁市境内,新沂河北岸有岔流新开河汇入,南岸有山东河、路北河、柴沂河汇入。在沭阳县城西北,新沂河与南岸淮沭河北岸沭新河平交。沭阳县城濒临新沂河南岸,历史上因位于沭水之阳而得名。

新沂河至大陆胡村西为宿迁和连云港两市交界处,东流南岸入灌南县,北岸入灌云县。新沂河在连云港市境内,南堤有盐河南套闸、新沂河沂南船闸、小潮河闸、小潮河闸新老涵洞、新沂河南堤涵洞、东友涵洞等穿堤建筑物,北堤有叮当河涵洞、新沂河北堤涵洞、盐河北闸、盐河北船闸和团结新老涵洞等穿堤建筑物。入海口处建有海口控制枢纽。

新沂河建成后小湖河通大湖河(灌河)水道被切断,改经东门河向下游排水,形成了现在新沂河北岸的潮河湾。

(2) 新沭河

新沭河西起山东省临沭县沭河左岸大官庄枢纽新沭河泄洪闸,东穿马陵山麓,经山东省临沭县大兴镇流过石梁河水库,继续向东南会蔷薇河,至临洪口入海,全长 80 km(山东省境内河长 20 km,石梁河水库库区段 15 km),区间面积为 2 850 km²,石梁河水库以上区间面积为 880 km²,主要支流有蔷薇河、夏庄河、朱范河。新沭河是沂沭泗地区沂沭河洪水"东调入海"的主要河道,不仅承泄沭河及区间全部来水,而且还分泄"分沂入沭"水道调尾后部分沂河洪水。新沭河是中华人民共和国成立后,为解除沂沭泗河洪水灾害而新开的"导沭经沙入海"工程的河道。新沭河河道分段设计行洪流量:上段按新沭河泄洪闸分泄 6 000 m³/s 洪水加区间入流量确定,中段为 6 000 m³/s,下段为 6 000～6 400 m³/s。1974 年 8 月 15 日,石梁河水库站最高水位达 26.82 m,河道最大行洪流量达 3 510 m³/s。新沭河沿线有涵闸 16 座,总规模为 392 m³/s;沿线有泵站 6 座,总规模为 15.0 m³/s。

江苏省境内新沭河是利用赣榆区大沙河修建的,河道比降大、弯曲多、土质沙性。

1947 年 6 月 30 日至 7 月 7 日连日大雨,上游大水倾注,下游与蔷薇河水相侵,加之入海通道不畅,平地水深数尺,赣榆区墩尚以东一片汪洋,前后持续 10 余日之久,致灾 4 万公顷,灾民达 10 万余人。

1948 年,中共华北局采纳 1947 年由山东省实业厅拟订的"导沭经沙(沙河)入海"方案,确定开挖新沭河,使沭河洪水主要从大官庄分流经沙入海。1949—1953 年,在山东省临沭县大官庄拦沭河建人民胜利堰,在人民胜利堰以上大官庄村北沭河左岸,向东南开挖新沭河,沿途劈开马陵山,拓挖沙河,分泄沭河洪水和沙河区间来水 3 800 m³/s,出临洪口汇入黄海。

1962 年,在新沭河中游与山东省临沭县接壤处,开工兴建石梁河水库,石梁河水库是新沭河调洪、蓄水灌溉、综合开发利用的重要控制工程,使新沭河形成"一河一库控制"的防洪格局。

1971 年 2 月,为使沂河、沭河洪水尽量就近由新沭河东调入海腾出骆马湖、新沂河接纳南四湖南下洪水,水电部提出"治淮骨干工程说明",要求新沭河行洪能力从 3 800 m³/s 扩大到 6 000 m³/s 设计,按 7 000 m³/s 校核。1972—1981 年,实施新沭河扩大工程,按堤顶高程超 7 000 m³/s、洪水位 2.50 m、堤顶宽 8.0～16.0 m 培修加复石梁河水库以下两岸堤防 91.2 km,块石护坡 34 km;开挖石梁河水库以下至太平闸段中泓 30.8 km;建成蒋庄漫水桥闸、朱圈漫水桥(310 公路)、墩尚公路桥、太平庄挡潮闸、太平庄闸上沭南和沭北通航闸、临洪西抽水站等沿途各类建筑物 23 座。通过采取截走高水、中游改道、低水调尾的措施,解决沭北 613 km² 排涝问题。

从 1991 年开始,在治淮工程中按 20 年一遇防洪标准实施新沭河复工工程,设计行洪流量为 5 000 m³/s。主要建设内容包括:西赤金退堤,鲁兰河二期工程,海口段新筑 5.3 km 右堤堤防及左右堤复堤约 29 km,临洪东抽水站续建,范河新闸续建及范河调尾河道拓宽;罗阳涵洞和无名涵洞拆除合建,朱稽河口排涝通航闸、张庄涵洞新建,公兴港闸、元宝港闸、海孚涵洞加固,太平庄闸上左右堤防干砌块石护坡 19.1 km,毛园险工段处理、西赤金、墩尚段堤身灌浆 11 km,大浦抽水站续建、堤顶防汛道路恢复,太平庄闸下滩地灭苇等。至 2002 年 5 月,新沭河复工工程共完成主要工程量:土方 362 万 m³、石方 4.5 万 m³、混凝土及钢筋混凝土 1.9 万 m³,工程投资 11 507 万元。

新沭河按 20 年一遇防洪标准实施了部分工程,但沿线河道堤防渗流隐患、河道中泓不稳定及冲淤变化造成岸坡险工、病险涵闸混凝土碳化及钢结构锈蚀严重等问题仍未得到彻底处理。从 1999 年开始,江苏省政府安排实施新沭河堤防消险加固工程,主要内容为堤防防渗处理、险工段除险加固、防汛道路拆除重建以及加固穿堤建筑物 3 座、除险加固 2 座,工程总投资 6 419 万元。

2008 年,实施新沭河 50 年一遇治理工程,总投资 87 278 万元,其中新沭河治理工程(江苏段)河道治理及建筑物工程总投资 32 062 万元,三洋港挡潮闸工程总投资 55 216 万元。治理工程的主要内容为河道中段消险、下段疏浚,改建山岭房退水涵洞、磨山河桥闸,加固范河闸,新建富安调度闸、大浦第二抽水站和临洪东抽水站、自排闸,在入海口新建三洋港枢纽。

新沭河治理工程的实施不仅将新沭河防洪标准提高到 50 年一遇,而且提高了连云港市区的排涝能力,改善了连云港新区的生态环境,提供了 200 万 m³ 淡水和 1 267 公顷耕地灌溉用水。

在江苏、山东两省边界处,新沭河右岸有观堂河汇入,偏东北行 1.84 km 流入石梁河水库。

新沭河自石梁河水库泄洪闸东南流 8.1 km 处建有蒋庄漫水闸。在石梁河水库与蒋庄漫水闸之间,新沭河左岸有连接石梁河灌区的沭北干渠,右岸有磨山河汇入。新沭河自蒋庄漫水闸下呈 S 形东流 11.7 km 至墩尚公路桥,东流 4.77 km,有新沭河大桥,再东流 0.7 km 建有朱圈漫水桥,继续东流 0.9 km,有 204 国道新沭河特大桥,长 1 618 m。新沭河自新沭河特大桥向东 3.78 km 处建有 12 孔太平庄挡潮闸。新沭河过太平庄挡潮闸东流 2.78 km,右岸有蔷薇河、大浦河汇入。大浦河长 7.57 km,流域面积 122 km²,是连云港市主城区防洪排涝骨干河道和排污专道。

新沭河右堤临洪东站与大浦站之间,建有临洪东站自排闸。新沭河自太平庄挡潮闸经临洪河东北流 1.3 km 穿临连高速临洪河特大桥。该桥长 4.3 km,主线桥三跨总长 155 m,与范河大桥、大浦互通相接形成长 12.5 km 的高架桥。范河入临洪河处建有范河闸,保护其下游河床免受潮渍淤塞。

新沭河东北流 10 km,有 242 省道临洪河特大桥,长 2.34 km。新沭河自临洪河特大桥东北流 1.5 km,建有三洋港挡潮闸,三洋港挡潮闸具有挡潮、减淤、排水、泄洪等功能。新沭河在三洋港闸外 1.32 km 处汇入黄海。

新沭河水系连云港境内建有石梁河和安峰山等 2 座大(2)型水库和 6 座中型水库。

三、大中型水库

连云港市现有大中小型水库167座,其中大型水库3座(石梁河水库、小塔山水库、安峰山水库)、中型水库8座(八条路水库、西双湖水库、房山水库、横沟水库、昌梨水库、贺庄水库、大石埠水库、羽山水库)、在册小型水库156座,总库容12.5亿 m³。

连云港市大中型水库主要特征值见表4-6。

表4-6 连云港市大中型水库主要特征值一览表(废黄河口高程)

水库名称	类型	集水面积/km²	总库容/万 m³	兴利水位/m	死水位/m	汛限水位/m	设计洪水位/m	校核洪水位/m
石梁河水库	大(2)型水库	15 365.0	52 640	24.5	18.5	23.5	26.81	27.95
小塔山水库	大(2)型水库	386.0	28 100	32.8	26.0	32.0	35.37	37.31
安峰山水库	大(2)型水库	153.3	11 300	17.2	12.5	16.0	18.00	18.67
贺庄水库	中型水库	57.0	2 654	38.5	32.5	38.0	39.18	40.26
横沟水库	中型水库	42.2	2 459	27.5	23.0	27.0	28.08	28.87
八条路水库	中型水库	32.0	2 143	32.0	23.5	31.5	32.37	33.13
房山水库	中型水库	54.6	2 561	10.0	7.7	9.5	10.61	11.51
昌梨水库	中型水库	35.0	2 111	48.5	40.5	47.5	49.23	50.04
西双湖水库	中型水库	22.3	1 760	32.0	25.0	31.5	32.19	32.75
大石埠水库	中型水库	78.0	2 217	50.0	45.0	49.0	52.00	52.75
羽山水库	中型水库	7.0	1 225	49.5	41.0	49.0	49.28	49.68

四、调水工程

连云港市江淮水调水通道有东西两条线路,西线为江淮水通过淮沭河调入蔷薇河供东海、市区及赣榆用水;东线为江水通过通榆河调入蔷薇河供连云港市用水。

连云港市用水主要依靠调引江淮水,调引江淮水进入连云港市的口门主要有四个,即淮沭新河调水线的吴场水利枢纽和新沂河南偏泓、盐河殷渡及通榆河北延送水工程。

吴场水利枢纽由桑墟电站、沭新退水闸和蔷北地涵组成,总供水能力为110 m³/s,其中桑墟电站设计供水能力为25 m³/s,沭新退水闸设计供水能力为20 m³/s,蔷北地涵设计供水能力为65 m³/s。由于受上游工程供水能力限制,实际供水能力约为70 m³/s。

新沂河南偏泓送水由沭阳电站和南偏泓闸控制,设计送水流量250 m³/s,实际供水能力为100 m³/s。盐河为苏北地区主要航道,兼有区域排涝功能,河道送水能力较大,供水时可输水60 m³/s。江淮水对连云港市的实际供水能力约为230 m³/s。

五、水利枢纽及水闸工程

连云港市过闸流量1 m³/s及以上水闸有1 889座,其中,规模以上(过闸流量大于或等于5 m³/s)水闸数量为937座。水利枢纽主要有吴场水利枢纽、临洪水利枢纽和盐东水利枢纽。

1. 水利枢纽

连云港主要水利枢纽有3个,其中吴场水利枢纽主要功能为供水,临洪水利枢纽和盐东水利枢纽为防洪性控制枢纽。

(1) 吴场水利枢纽

吴场水利枢纽由桑墟电站、沭新退水闸和蔷北地涵组成,总供水能力为110 m³/s,其中桑墟电站设计供水能力为25 m³/s,沭新退水闸设计供水能力为20 m³/s,蔷北地涵设计供水能力为65 m³/s,由于受上游工程供水能力限制,实际供水能力约为70 m³/s。吴场水利枢纽基本情况见表4-7。

表4-7 吴场水利枢纽基本情况表

序号	工程名称	位置	设计流量/(m³/s)	孔数	单孔净宽/m	建成时间
1	桑墟电站	沭阳县桑墟镇	25	—	—	1986年
2	沭新退水闸	沭阳县桑墟镇	20	2	3.00	1975年
3	蔷北地涵	东海县房山镇	65	3	3.35	1959年

(2) 临洪水利枢纽

临洪水利枢纽是连云港市区及周边防洪排涝的重要保障,是连云港市最大的水利枢纽工程。临洪水利枢纽位于新沭河末端,距临洪口14 km,主要由4座大中型泵站和11座大中型水闸组成,是集防洪、挡潮、灌溉、城市供水等多重功能于一体的大型水利枢纽工程,包括临洪闸、太平庄闸、沭南闸、沭北闸、乌龙河调度闸、乌龙河自排闸、富安调度闸、三洋港挡潮闸、三洋港排水闸、东站自排闸、大浦闸和临洪东泵站、临洪西泵站、大浦第一抽水站和大浦第二抽水站及31 km堤防。1958年该枢纽开始兴建,1959年临洪闸建成并发挥了显著的防洪减灾和灌溉效益;自20世纪70年代,太平庄闸、临洪西泵站、乌龙河闸等工程陆续建成;2000年,我国单站流量最大的泵站——临洪东泵站建成投运;2011年,东站自排闸和大浦第二抽水站竣工,标志着临洪水利枢纽的建设完成。表4-8为临洪水利枢纽基本情况表。

表4-8 临洪水利枢纽基本情况表

序号	工程名称	位置	设计流量/(m³/s)	孔数	单孔净宽/m	建成时间
1	临洪西泵站	海州区浦南镇	90	—	—	1979年
2	临洪东泵站	海州区北郊	360	—	—	2000年
3	大浦第一抽水站	海州区北郊	40	—	—	2004年
4	大浦第二抽水站	海州区北郊	40	—	—	2012年
5	太平庄闸	新沭河下游	1 000	12	9.7	2011年
6	沭南闸	海州区浦南镇	90	1	12	2015年
7	沭北闸	赣榆区罗阳镇	90	1	12	2015年
8	临洪闸	海州区北郊	1 380	26	5	1959年

表 4-8(续)

序号	工程名称	位置	设计流量/(m³/s)	孔数	单孔净宽/m	建成时间
9	乌龙河调度闸	海州区浦南镇	90	1	10	1978 年
10	乌龙河自排闸	海州区浦南镇	90	1	10	1978 年
11	东站自排闸	海州区北郊	650	6	10	2012 年
12	大浦闸	海州区浦南镇	246	3	7	2003 年
13	富安调度闸	海州区浦南镇	100	1	12	2013 年
14	三洋港挡潮闸	新沭河末端	6 400	33	15	2013 年
15	三洋港排水闸	新沭河末端	67	3	6	2013 年

临洪闸位于蔷薇河末端,于 1958 年 11 月动工兴建,1959 年 12 月竣工,主要担负着挡潮、蓄淡、排涝、泄洪、排污、拦淤、辅助通航及保证市区工农业生产、生活用水等重任。该闸为大型(二)级水闸,共 26 孔,每孔净宽 5 m,孔高 6.2 m,闸身总宽 167.5 m,闸长 136.5 m,闸顶高程为 15.57 m,闸底高程为 −3.23 m,挡水胸墙顶高程 7.27 m;设计水位:上游 1.27 m、加风浪高度 0.5 m、下游 −2.23 m,设计流量为 1 380 m³/s,校核流量为 2 320 m³/s,排涝面积为 1 349.6 km²,蓄淡灌溉 70 万亩。

富安调度闸位于蔷薇河与鲁兰河交汇口上游蔷薇河上,距鲁兰河口约 300 m,该闸建成后与现有鲁兰河右堤直线连接,形成封闭的防洪圈。该闸布置在蔷薇河上,顺水流向中心轴线与蔷薇河轴线一致,垂直水流向交通桥轴线与鲁兰河堤中心线一致。上下游引河断面河底宽 50 m,边坡为 1∶4。闸室两侧各设 20 m 空箱引桥,引桥后填土筑堤与蔷薇河左右堤相接,形成封闭的防洪体系。新填筑东西堤与蔷薇河堤连接,西堤长 160 m,东堤长 200 m,堤顶宽 8 m,高 8.40 m,边坡为 1∶3。闸为单孔开敞式水闸,净宽 12 m,顺水流向长 10 m,采用 U 形整底板结构,底板顶高程为 −2.84 m,厚 2.0 m;闸墩厚 1.2 m,顶高程为 8.40 m;闸室下游设 1.7 m 宽的工作便桥,桥面高程为 8.40 m;上游布置 8.0 m 宽的公路桥,桥面高程与堤顶高程一致,设计荷载等级为公路Ⅱ级。该闸调水流量按 100 m³/s 设计,两端连接堤防级别为 2 级,主要建筑物级别 2 级。本闸有正反向调水功能,上、下游均设长 16 m、深 0.5 m 的消力池。消力池后接 40 m 的灌砌块石海漫,后接 8 m 的抛石防冲槽以消余能。上下游河坡灌砌块石防护,护坡长度为 50 m。翼墙共 4 节,均采用钢筋混凝土扶壁式结构。

临洪东泵站是治淮工程沂、沭、泗洪水东调南下主体工程之一,承担着蔷薇河流域内涝强排任务,是确保连云港市区及东陇海铁路防洪安全的关键工程。全站设计抽排能力为 300 m³/s,最大抽排能力为 360 m³/s,总装机容量为 36 000 kW·h。临洪东泵站于 1978 年经淮委批准动工兴建,1980 年停缓建,1992 年实施提办工程复工续建,1996 年经淮委批准全面续建,1997 年底完成主体工程,1998 年 7 月通过试运行验收,2000 年通过工程竣工验收交付使用。

临洪东站自排闸建于新沭河临洪闸下的新沭河右堤上,距江苏省连云港市区北侧约 7 km 处,布置在临洪东泵站和大浦抽水站之间。顺水流向中心线西距临洪东泵站中心线约 250 m,东距大浦抽水站中心线约 230 m。临洪东站自排闸按 10 年一遇排涝标准设计,设计排涝流量为650 m³/s,自排闸共6孔,每孔净宽10 m,总净宽60 m;闸室采用沉井基础,岸、翼墙采用灌注桩基础;闸室、空箱岸墙及上下游扶壁式翼墙均为钢筋混凝土结构;设平面钢闸门6扇,配2×250 kN卷扬式启闭机;闸室上游设检修门一道,采用电动葫芦启闭。

乌龙河调度闸位于临洪闸上游蔷薇河左堤800 m处,于1977年11月动工兴建,1978年8月竣工,中型水闸,工程级别为5级,共1孔,闸孔净宽10 m,孔高8 m,闸身总长12.96 m,闸长85.6 m,设计流量为90 m³/s,校核流量为100 m³/s,主要担负着沟通水系、调水、通航等重任。

乌龙河自排闸位于新浦区浦南镇,于1977年11月动工兴建,1978年7月竣工。其为中型水闸,工程级别为5级,共1孔,闸孔净宽10 m,孔高8 m,为临洪西泵站配套工程。

太平庄闸位于海州区浦南镇、赣榆区罗阳镇交界处,在新沭河下游中泓上,濒临黄海,离入海口14 km,该闸为通榆河北延送水河道与新沭河交汇处的控制性建筑物,主要功能为挡水、灌溉、排涝,设计流量为1 000 m³/s。该闸原建成于1977年7月,2009年9月进行拆建,2011年4月建成。太平庄闸为12孔开敞式水闸,三孔一联,单孔净宽9.7 m,中墩厚1.15 m,缝墩厚1.78 m,边墩厚1.3 m,闸室总宽133.6 m,钢筋混凝土底板,闸底板厚度为1.3 m,底板门槛高程为−1.50 m,门顶高程为3.0 m。闸门为直升式平面钢闸门,采用QP-2×160kN卷扬式启闭机。公路桥净宽7 m,设计荷载等级为公路Ⅱ级。

沭南闸位于海州区浦南镇新沭河右堤,距太平庄闸1.2 km。该闸原建成于1977年7月,单孔,净宽10 m。2015年11月经江苏省发改委批复拆除重建,工程投资为1 858万元。拆建后的沭南闸为单孔,净宽12 m,闸底板顶高程为−1.0 m,闸门顶高程为7.2 m,交通桥桥面净宽6.5 m,桥面高程为10.25 m,设计荷载等级为公路Ⅱ级,采用升卧式平面钢闸门,QH-2×320 kN-14.0m弧门卷扬式启闭机;设计防洪标准为50年一遇,设计排涝标准为10年一遇,设计引水流量为90 m³/s,通航标准为Ⅴ级。沭南闸主要功能为挡洪、送水、反向引水和通航,并辅助乌龙河地区排涝。

沭北闸位于赣榆区罗阳镇新沭河左堤,距太平庄闸1.0 km。该闸原建成于1978年5月,单孔,净宽10 m。2015年11月经江苏省发改委批复拆除重建,工程投资为1 648万元。拆建后的沭北闸为单孔,净宽12 m,闸底板顶高程为−1.0 m,闸门顶高程为7.2 m,交通桥桥面净宽6.5 m,桥面高程为10.0 m,设计荷载等级为公路Ⅱ级,采用升卧式平面钢闸门,QH-2×320kN-14.0m弧门卷扬式启闭机;设计防洪标准为50年一遇,设计排涝标准为10年一遇,设计引水流量为90 m³/s,通航标准为Ⅴ级。沭北闸主要功能为挡洪、送水、引水和通航。

(3) 盐东水利枢纽

盐东水利枢纽是灌河流域(7 273 km²)末级控制工程,位于连云港市灌南县境内,目前由武障河闸、北六塘河闸、龙沟河闸、义泽河闸4座节制闸和盐河南套闸组成,是具有防洪排涝、供水灌溉、航运交通、冲淤保港、挡潮御卤、调水冲污、水利景观等多种功能的大型水利枢纽。该枢纽控制范围西至宿迁中运河,南至废黄河,北至新沂河,涉及沭阳、宿迁、泗阳、淮安、涟水、灌南等地区,控制面积达4 160 km²。流域内主要河流有沂南河、柴米河、北六塘河、南六塘河和盐河。该枢纽于1968年开始兴建,1980年全部竣工。表2-9为盐东水利枢纽节制闸基本情况表。

原武障河闸位于灌南县新安镇境内,在南六塘河下尾的武障河头上,该闸主要作用为排涝、挡潮、蓄水灌溉及交通等，控制面积为南六塘河及盐河集水约为1 341 km²。该闸设计流量为841 m³/s，共14孔，闸孔净宽8 m，闸底高程为－2.5 m，闸身总宽103.4 m，闸上交通桥桥面宽5 m，设计荷载等级为汽-10级。闸门为平面钢闸门，配绳鼓式启闭机。该闸后拆除重建。

北六塘河闸位于灌南县新安镇境内北六塘河下尾，流域集水面积约为1 332 km²。该闸主要作用为排涝、挡潮、蓄水灌溉及便利航运等。该闸设计流量为559 m³/s，共9孔，每孔净宽6 m，闸底高程为－2.0 m。闸门为平面钢闸门，配绳鼓式启闭机。

龙沟河闸位于灌南县新安镇境内的龙沟河上，流域集水面积约为1 260 km²。该闸主要作用为排涝、挡潮，同时兼有蓄水灌溉功能等。该闸设计流量为874 m³/s，共17孔，闸孔净宽6 m，闸底高程为－2.5 m，闸身总宽119.2 m，底板顺水流向长为14 m。闸上交通桥桥面宽8 m，设计荷载等级为汽-10级。闸门为平面钢闸门，配17台绳鼓式启闭机。

义泽河闸位于灌南县新安镇境内的义泽河上，流域集水面积约为227 km²。该闸主要作用为排涝、挡潮，同时兼有蓄水灌溉及航运交通功能等。该闸设计流量为291 m³/s，共3孔，闸孔净宽36 m，中孔宽16 m（兼通航），边孔宽10 m，闸底高程为－2.5 m。闸门为平面钢闸门，配绳鼓式启闭机。

表 4-9　盐东水利枢纽节制闸基本情况表

序号	工程名称	位置	设计流量/(m³/s)	孔数	单孔净宽	建成时间
1	武障河闸	灌南县新安镇	841	14	8/6	1979年
2	北六塘河闸	灌南县新安镇	559	9	6	2000年
3	龙沟河闸	灌南县新安镇	874	17	6	2004年
4	义泽河闸	灌南县新安镇	291	3	16/10	2012年

2. 水闸工程

连云港市过闸流量大于1 000 m³/s的大型水闸有8座，包括蒋庄漫水闸、善后新闸、新沂河海口控制北深泓闸、新沂河海口控制南深泓闸、新沂河海口控制中深泓闸、三洋港挡潮闸、临洪闸、太平庄闸。表 4-10为连云港市大型水闸基本情况。

表 4-10　连云港市大型水闸基本情况表

水闸名称	所在地	建成时间	孔数	总净宽/m	过闸流量/(m³/s)
蒋庄漫水闸	东海县黄川镇	1957年	15	150	1 300
善后新闸	灌云县圩丰镇	1958年	10	100	1 050
新沂河海口控制北深泓闸	灌云县燕尾港镇	1999年	10	100	2 027
新沂河海口控制南深泓闸	灌云县燕尾港镇	1999年	12	120	2 425
新沂河海口控制中深泓闸	灌云县燕尾港镇	1999年	18	180	3 348
三洋港挡潮闸	新沭河末端	2013年	33	495	6 400

表 4-10(续)

水闸名称	所在地	建成时间	闸孔 孔数	闸孔 总净宽/m	过闸流量/(m³/s)
临洪闸	海州区北郊	1959 年	26	130	2 320
太平庄闸	新沭河下游	2011 年	12	116.4	1 000

第五节 水文站网

连云港市地处淮河流域沂沭泗水系最下游,境内水系分属于沂河、沭河、滨海诸小河三大水系,其水文站网的历史可以追溯到 1929 年的燕尾港水位站以及 1930 年的龙沟水位站。1929 年,燕尾港水位站设立,主要作用为观测潮水位,于 1950 年增加降水观测项目。龙沟水位站于 1930 年 4 月设立,1938 年 3 月停测;1950 年 7 月由淮河水利工程总局复设为龙沟水位站;1978 年 10 月因建闸需要由江苏省水文总站将断面临时下迁 1.7 km,闸建成后上迁 1.4 km,并改设为龙沟闸上、下游水位;1980 年 1 月更名为龙沟闸水位站,观测至今。

中华人民共和国成立以后,政府大力兴修水利和进行经济建设,迫切需要水文资料,水文站网得到了迅速发展。1950 年,燕尾港水位站增加降水观测项目,1950 年龙沟水位站复设并开始观测降水。随后,在 1951 年设立了板浦水位站用于观测水位,同年设立大兴镇水文站用于观测降水、水位以及流量。1955 年,青口降水站设立,在观测降水的同时观测蒸发量。1960 年,石梁河水库水文站设立并开始观测流量和泥沙。至 20 个世纪 80 年代,通过科学合理地规划调整,连云港市已逐步建成了能监测水位、流量、含沙量、降水量、蒸发量等水文要素的时空变化的各类水文基本站网,可以为防汛抗旱提供科学的决策支持,为水资源统一管理提供翔实的信息支撑,为生态环境保护和经济建设提供全面优质的服务。

连云港市现设有 6 个水文站、7 个水位站、44 个雨量站(含水文站、水位站)、3 个蒸发站(含水文站、雨量站),中小河流站点共 23 处。

(1) 水文站

连云港市现有基本水文站 6 个,分别为小塔山水库水文站、黑林水文站、临洪水文站、小许庄水文站、石梁河水库水文站、大兴镇水文站(位于山东省临沭县)。2013 年,设立二期中小河流站,其中有 7 个水文站,分别是善后新闸、光明大桥、柴门、四圩闸、四队大桥、小骆庄、范口。

(2) 水位站

连云港市现有水位站 25 个,分布在各个区县,其中市区有 6 个,东海县有 7 个,赣榆区有 2 个,灌南县有 8 个,灌云县有 2 个。

(3) 雨量站

连云港市现有雨量站 35 个,分布在各个区县以及沭阳县、山东省临沭县、莒南县。

(4) 蒸发站

连云港市现有蒸发站 3 个,分别是石梁河水库蒸发站、青口蒸发站、牛山蒸发站。

第五章　连云港市生态需水

第一节　生态需水类型

前面提到,生态需水包括河道内生态基流和敏感生态需水;对于湖泊湿地,需提出适宜生态水位要求。

生态基流是指维持河流基本形态和基本生态功能的河道内最小流量。河流基本生态功能是防止河道断流、避免河流水生生物群落遭受无法恢复的破坏等。生态基流有汛期和非汛期之分,但由于汛期生态基流基本能得到满足,所以生态基流一般是指非汛期生态基流。敏感生态需水是指维持河湖生态敏感区正常功能的需水量,主要包括河流湿地及河谷林草生态需水、湖泊生态需水、河口生态需水、重要水生生物生态需水、输沙需水(在多沙河流,要考虑输沙需水量)等。

连云港市地处淮河以北的半湿润区,属于暖温带南缘湿润性季风气候,兼有暖温带和北亚热带气候特征,降雨径流关系不稳定,易受外力影响导致降雨径流关系发生,地表水地下水转化较频繁、活跃。区域内流域河道径流实行高度调节控制,历史上水资源调配中对河道内生态用水考虑不足,生态用水容易被挤占,出现有水无流或河湖干涸萎缩的现象,导致河流健康严重受损,带来了突出的水资源与生态环境问题,维持河道生态流量是保障该区域水系生态功能的核心问题。因此,连云港市生态需水类型要考虑生态系统自身生存问题,主要考虑水生生物栖息、稀释和自净需水、蒸发需水、景观需水、地下水及渗漏需水。

连云港市地处沂沭泗水系的最下游,西、北部低山区库塘闸坝星罗棋布,中、东、南部平原区河渠沟洫纵横交织、河网稠密。两条流域性行洪河道新沂河、新沭河从境内穿过,沂、沭、泗诸水主要通过新沂河、新沭河入海,多年平均过境水量丰富。水资源利用主要依靠调引江淮水,区域内各水系之间相互连通。由于连云港市地处江淮水供水末端且紧邻黄海,因此为加强河道蓄水、保水及避免海水入侵,连云港市河道大都建有闸坝来控制河道水位和水流流向。

根据《水利部　关于做好河湖生态流量确定和保障工作的指导意见》(水资管〔2020〕67号),应按照河湖水资源条件和生态保护要求,选择合适的方法计算并进行水量平衡和可达性分析,综合确定河湖生态流量目标。平原河网、湖泊以维持基本生态功能为原则,确定平原河网、湖泊生态水位(流量)目标。

连云港市属于半干旱半湿润地区,河道受人为干扰影响较大,大都建有闸坝用来控制水位和水流流向。综合考虑,本书采用生态水位表征生态需水。

第二节　评价河流与水库概况

2000年以来,江苏省和相关流域对河湖生态环境需水做了大量工作。其中,在流域层面,淮河流域和太湖流域水资源综合规划、水资源保护规划及水量分配方案等提出了江苏省流域性河湖的生态基流(水位);在省级层面,主要在水资源综合规划和水资源保护规划编制过程中开展了生态基流与水位的相关研究与计算工作,江苏省生态河湖行动计划也对主要河湖的生态基流(水位)提出了具体要求;在连云港市层面,在《连云港市水资源综合规划》对生态基流与水位进行了相关研究与计算工作。

生态基流一般应针对规划河段的重要控制断面(重点是地级市界断面)提出,在基础数据满足的情况下,应采用尽可能多的方法计算生态基流,结合生态需水对象,对比分析各计算结果,选择符合流域实际的计算方法和结果。河湖生态基流与水位控制断面选取的原则有:主要河流的重要控制断面(以地级市界断面为重点);重要大中型水利枢纽的控制断面;重要水生生物栖息地及湿地等敏感水域控制断面;为便于监控,所选择的控制断面尽可能与水文测站一致。根据本书研究工作,选择重点河流及水库进行生态需水研究。

一、评价河流概况

1. 蔷薇河

蔷薇河发源于新沂市马陵山系的踢球山,主要支流在沭阳县境内有王圩大沟、友谊河、新伍河,在东海县境内有黄泥河、民主河、马河、淮沭新河、鲁兰河,流域西部建有众多水库和塘坝。蔷薇河从东海友谊河口至东站自排闸全长50.7 km,流域面积为1 349.6 km²,是东海县重要的防洪、排涝、灌溉河道,也是连云港市区、东海、赣榆调水的重要通道和工业、生活供水的水源地。

蔷薇河地跨宿迁与连云港两市,具有引水供水、防洪和灌溉等功能。其上段为新五黄泥河,源于新沂市高流镇淋头河畔的耀南村一带,流经沭阳县,右纳赶埠大沟,左纳黑泥河,东流至东海县吴场村通过倒虹吸过沭新河后称蔷薇河,经临洪闸入临洪河。该河长53.4 km,河底宽25～100 m,河底高程为-3.7～0.9 m,河口宽80 m,集水面积为1 839 km²。设计防洪与排涝标准为5年一遇至10年一遇,设计行洪流量为1 365 m³/s,洪水位为8.14～6.57 m,保护面积为952.1 km²;实际防洪标准:连云港市区段为50年一遇、市区以上为20年一遇;设计排涝为300 m³/s,排涝水位为5.5 m,排涝面积为693.0 km²;设计灌溉面积4万公顷、灌溉流量60 m³/s。沿线涵闸29座,总规模为279 m³/s;沿线泵站51座,总规模为109.45 m³/s。

蔷薇河是连云港市区主要饮用水源地,年调引长江淮河水约5亿m³。蔷薇河两岸地势西高东低、北高南低,地面高程为2.8～27 m,属平原湖荡区。蔷北干渠、蔷薇河、沭新河、友谊河在吴场村相汇;建有蔷薇河地下涵洞、沭新退水闸、蔷北进水闸、沭新北船闸、桑墟水电站等工程;主要支流:左岸有墨泥河、民主河、马河、沭新河、鲁兰河、乌龙河等,右岸有前蔷薇河、玉带河;在汇入临洪河处建有临洪挡潮闸。

2. 云善河

云善河是烧香河的一条支流,南起与善后河交汇处,北至妇联河,全长14.36 km;主要承担云善河以西约 80 km² 的排涝任务,为连云港港疏港航道的一部分,船舶流量大,主要运输云台山石料等建材物质。

3. 烧香河

烧香河是一条古老的河道,由民众乘船从海口到云台山敬香而得名。1956 年,为了提高区域排涝标准,根据江苏省治淮指挥部"沂北排涝工程规划"进行了水系调整,将烧香河下游改道,新挖了烧香支河,建烧香河南闸,烧香河涝水由埒子口入海。由于埒子口淤积,排水不畅,1973 年恢复烧香河古道,开挖河道 5.3 km,并新建烧香河北闸,烧香河流域洪涝改由烧香河北闸入海。2008 年连云港港疏港航道工程开工建设,烧香河从云善河口至烧香河新闸上 500 m 段按三级航道标准建设,采用多种护岸形式。

烧香河是沂北地区的主要排涝河道之一,干流长度从盐河口至烧香河北闸为 30.6 km,流域内西高东低,流域上游地面高程约为 3.2 m,流域下游地面高程约为 2.3 m。主要支流有云善河和妇联河,烧香河流域总面积为 450 km²。

4. 叮当河

叮当河位于灌云县西部,南起新沂河,北至善后河,全长约 23.4 km,是灌云县的主要引排水河道,引水时承担着徐圩新区供水及灌云县叮当河灌区的灌溉引水任务,同时还是灌云县主要的饮用水源地;排涝时承担着叮当河以西,岭地分水岭以东、以南共计 140 km² 面积的排涝任务。叮当河按 5 年一遇排涝标准、20 年一遇防洪标准设计,其南段约 10 km 的河道经整治后,河道底宽 30~40 m,河底高程为 -0.69~1.0 m。

5. 车轴河

车轴河上起盐河,集水面积为 333 km²,在小南沟处汇入五灌河,河道全长 31.5 km,河底宽 15~45 m,河底高程为 -2.70~-0.5 m,是灌云县重要排涝、灌溉、航运河道之一。车轴河中段建有同兴节制闸,用来调节车轴河上游与下游的水位和水量。

6. 界圩河

界圩河上起盐河,集水面积 286 km²,在小南沟处汇入五灌河,河道全长 34.9 km,河底高程为 -2.70~-1.2 m,河底宽 15~60 m,是灌云县重要排涝、灌溉、航运河道之一。界圩河中段建有界圩节制闸,用来调节界圩河上游与下游的水位和水量。

7. 东门河

东门河上起盐河,集水面积为 393 km²,在小南沟处汇入五灌河,河道全长 39.6 km,河底高程为 -1.9~-0.5 m,河底宽 30~70 m,是灌云县重要排涝、灌溉、航运河道之一。

8. 柴米河

柴米河源于今宿迁市宿豫区和泗阳县交界处丁二元倒虹吸,流经泗阳、沭阳和灌南三县,过盐河,经龙沟河入灌河。其上游名砂礓河,东流至沭阳与泗阳交界处,称大涧河,再东流至沭阳城南闸口庄以下,称柴米河。1958 年兴办"分淮入沂"工程时,柴米河被淮沭河分成东西两段,淮沭河以西称大涧河,以东仍称柴米河。柴米河在淮沭河以西,有南崇河、北崇河、颜倪河、邢马河、清水沟、军柴河、刘柴河等汇入大涧河;淮沭河以东,柴米河左侧与新沂河为邻,有 11 条沟汇入,右侧与柴南河、北六塘河毗邻,有 10 条沟汇入。

柴米河地处黄泛时涟水冲积扇地形的黄泛平原和黄泛低平原区,地势西高东低,上游岗洼相间,地面坡降在 1:1 000 以上,上游与下游地面高差为 10.0 m 左右。淮沭河以东,柴米河两岸地势平坦,坡降小,属平原缓坡地带,一般地面高程为 3.6~4.0 m。柴米河穿流宁连高速公路和 326 省道。

柴米河西接北崇河,东至盐河,全长 76.7 km。灌南县境内自沭阳灌南县界至盐河段长 18 km。柴米河河底高程为 −2.5～5.08 m,河底宽 10～88 m,边坡为 1∶2～1∶2.5。流域面积为 1 229.9 km²。柴米河主要功能是排涝,受益范围为上游沭阳县、灌南县的孟兴庄柴米河以南地区、汤沟镇柴南河以北地区。现状淤积较为严重。

9. 公兴河

公兴河旧名公兴沟,起于二干二支,迄于南六塘河,全长 21.7 km,灌南境内段长 5.8 km。公兴河河底高程为 −0.95～2.32 m,河底宽 19～38 m,边坡为 1∶3,流域面积为 254.5 km²,为涟水县盐西地区主要排涝河道。公兴河受益范围主要为上游涟水县和灌南县新安镇北部、六塘乡东部,现状淤积较为严重。

10. 南六塘河

南六塘河自涟水县古寨往东北流经二庄、高沟,至沈三圩闸入灌南县境内,于老堆头穿盐河入武障河下灌河归海;全长 33 km,流域面积为 918.4 km²,为灌河支流其中涟水县境内河道长 21 km,流域面积为 580 km²。河道沿线右岸有杰勋河(孙大泓)、西张河、东张河、公兴河等支流汇入。南六塘河是沂南地区淮沭河以东、盐河以西、北六塘河以南的主要排涝河道,涉及淮连两市的淮阴区、涟水县、灌南县。沿线涵闸有 13 座,总规模有 83.5 m³/s;沿线泵站有 25 座,总规模为 20.4 m³/s。

南六塘河现状设计标准为 5 年一遇,设计排涝流量为 583 m³/s,设计排涝水位为 3.30～6.45 m,设计河底高程为 2.00～2.50 m,河底宽 35～70 m,边坡比为 1∶2.5～1∶3。

在涟水县境内,南六塘河右岸有杰勋河、张河、公兴河汇入,至盐河与武障河、老南六塘河相汇。在灌南县境内,其左岸有废公兴河、张庄大沟、保成大沟、老六塘河和老圩大沟汇入,右岸有新安镇中心大沟周口河、硕项河、李集二圩大沟、久安大沟、租地大沟、七斗大沟汇入。盐河东岸 500 m 处建有武障河闸。南六塘河过盐河称武障河,东流至东三岔汇入灌河。南六塘河流域地势平坦,总趋势呈西高东低,流域内地面表层以沙性土为主,地面高程为 3.70～7.20 m。

11. 盐河

盐河位于废黄河以北,临洪口以南的淮北平原,地跨淮安和连云港两市,长 108 km,为三至五级航道,具有灌溉、排涝、调水和发电等功能。设计防洪标准为 10 年一遇至 20 年一遇、集水面积为 565 km²,实际防洪标准为 5 年一遇;设计排涝标准为 5 年一遇、排涝面积为 458.70 万亩;设计灌溉面积为 187.76 km²。沿线涵闸有 15 座,总规模为 753 m³/s;沿线泵站有 105 座,总规模为 85.1 m³/s。

12. 一帆河

一帆河位于新沂河与废黄河之间,地跨淮安、连云港和盐城三市,南起涟水县东北胡集章化寺西官河与古盐河汇合口,向北流经薛集、郑湾、方渡、郑潭口至稽桥入灌南县境内,再北流经杨桥至小窑西陡湾转向东北流,经三口南至响水西入灌河。一帆河长 62 km,集水面积为 479.8 km²。一帆河是排涝、灌溉骨干河道和三级航道河,底宽 20～70 m,河底高程为 −3.0～1.0 m,河口宽 30～120 m,保护面积为 212.56 km²。设计排涝标准为 10 年一遇,排涝面积为 479.8 km²。沿线涵闸有 5 座,总规模为 505 m³/s;沿线泵站有 25 座,总规模为 15.95 m³/s。

一帆河上接西官河、港河、古盐河,左侧与义泽河、武障河、盐河为邻,沿途有潘老庄大沟、三口大沟、林南大沟、花园河、新集引河、港河等汇入,右侧与唐响河、佃响河为邻,有通联河、屈荡大沟、新塘河、沿宋大沟、官尚大沟、杨百河、周彭大沟、王圩大沟、新民沟、民便河等汇入。两岸农产品主要有粮食、棉花、油料等,农林土特产品有淮山药、浅水藕等。沿线与省道307、326交叉。

13. 沂南小河

沂南小河位于新沂河南侧,于1951年开挖。沂南小河西起沭河,东出盐河,全长45.5 km,其中灌南段自大陆湖至盐河15.5 km。沂南小河河底高程为-1.0~1.6 m,河底宽30~43 m,边坡为1:3,流域面积为247 km^2。其主要功能是排涝,受益范围是上游沭阳县及灌南县的原白皂乡、张店镇盐河以西,现状淤积较为严重。

14. 新沂河南偏泓

新沂河上起骆马湖出口嶂山闸,下至燕尾港入海,全长146 km,在连云港市灌云县、灌南县境内有68 km,新沂河流域总面积为7.2万 km^2。该河设计行洪流量为7 800 m^3/s,是泗水和沂水经南四湖和骆马湖调蓄后下泄洪水入海的主要通道,并分担沭河部分洪水入海,同时与淮沭新河相沟通,在淮、沂洪水不遭遇的情况下,设计分泄淮河洪水3 000 m^3/s。新沂河南偏泓是江淮水进入连云港市的主要通道之一,江淮水自洪泽湖经淮沭河由新沂河南偏泓电站、南偏泓闸进新沂河南偏泓,向下游徐圩新区、灌云县、灌南县供水。

15. 鲁兰河

鲁兰河发源于马陵山、羽山、磨山等处,自东海县石安河建成后,截去了东海县中部17.8 m等高线以上的洪水,河源变为石安河。鲁兰河从上湾至临洪闸长38 km,主要支流有埝河、石安河、张桥河等,流域面积为309.15 km^2,其中圩区为119.53 km^2,河底高程为-1.2~5.8 m,河底宽30~60 m,堤顶高程为8.8~11.8 m。

16. 青口河

青口河源自山东省,自苏鲁省界进入赣榆区黑林镇埠地村至入海口,长34.8 km,河底宽50~140 m,河底高程为0~20.5 m,河口宽100~300 m,集水面积为267 km^2。沿线涵闸有92座,总规模为476 m^3/s;沿线泵站有17座,总规模为250 m^3/s。

青口河为赣榆区境内的主要防洪河道,是小塔山水库唯一的防洪泄洪通道,设计与实际防洪标准为50年一遇。

青口河在小塔山水库以上称黑林河,即自源头东南流至洙边乡西北。右岸有临沭县境内马家峪河汇入,再经山东省临沭县三界首村入江苏省赣榆区,至黑林镇汇入小塔山水库。此段地处低山丘陵,左岸有且头河,自小塔山水库主坝溢洪闸以东称青口河,向东地势逐渐平缓。

17. 乌龙河

乌龙河原为大沙河支流,1952年下游改道入蔷薇河,全长34 km,流域面积为105.52 km^2,其中圩区面积为71.16 km^2。1959年动工疏浚,1979年全线治理开通。该河上游一段10 km长河宽仅4 m;中下游河底宽10~20 m,河底高程为-0.8~-0.2 m。1989年11月,对青湖至蔷薇河段堤防进行了修复,堤顶宽4 m,堤顶高程为6.8~13.3 m。新沭河借道临洪河行洪以后,由于流域内地势低洼,在临洪闸泄洪排涝或者新沭河行洪期间排水非常困难,须通过临洪西翻水站翻水强排。富安调度闸实施后,临洪闸承担鲁兰河高水排洪任务,乌龙河流域高标准洪涝水只能通过强排措施实现排水目的。乌龙河下游河道常水位约为 2.30 m。

18. 马河

马河上游接沭新渠,由马河闸控制,下入蔷薇河,为蔷薇河支流。马河全长约 20.5 km,经白塔埠镇、平明镇、岗埠农场、张湾乡在顾庄入蔷薇河,集水面积为 74.91 km²。河道主要功能是排除涝水,兼蓄水和引水灌溉的功能。河道经治理后,堤顶建有防汛道路,堤防达到 10 年一遇防洪标准。马河原为等外级航道,根据"连云港航道网规划",马河航道等级没有调整,现状河道不通航。马河下游段河道断面常水位约为 2.40 m。

19. 民主河

民主河是东海县一条重要的灌溉、排涝、生态调水河道。西起沭新渠民主闸,河道途径东海县房山镇、平明镇,在马汪村入蔷薇河。河道全长 16.3 km,上游为民主干渠长 7.5 km,下游自寇荡闸电站拦水坝至蔷薇河口长 8.8 km。民主河是在古河道基础上人工整治开挖的综合性河道,境内有多条支河汇入,流域面积为 97 km²。民主河下游段河道常水位约为 2.40 m。

20. 前蔷薇河-卓王河

前蔷薇河-卓王河位于沂北地区古泊河以北,蔷薇河以南,流经沭阳县、东海县、灌云县和海州区,为古泊善后河最大支流,西起沭阳县的桑东大沟,东入古泊善后河,全长约 38.0 km,是连云港市一条重要的灌溉、排涝、生态调水河道。前蔷薇河-卓王河下游段常水位约为 2.00 m。

二、评价水库概况

1. 小塔山水库

小塔山水库地处江苏省连云港市赣榆区西北丘陵山区,集水面积为 386 km²,主要有青口河及上游支流汇入。其总库容为 2.81 亿 m³,是一座以防洪为主,结合农业灌溉、城镇居民生产生活供水和水产养殖等综合利用的大(2)型水库。其中,兴利库容为 1.16 亿 m³,调洪库容为 1.65 亿 m³。水库防洪保护下游赣榆城区和 9 个镇 70 万人的生命安全,保护范围内还有 30 多万亩耕地、2 万余亩对虾塘、300 多家工厂、100 多所学校以及 30 多万间民房。该水库是赣榆区人民生产、生活和经济发展的重要基础设施。

小塔山水库位于青口河上游,主坝溢洪闸下至入海口段为小塔山水库的主要泄洪河道,该段长 28.2 km,青口河防洪标准为 20 年一遇,设计流量为 400 m³/s。小塔山水库坝址处距连云港市赣榆区主城区(青口镇)17 km,库区以上青口河干支流均发源于山岭地区,坡陡谷深,源短流急,呈扇状向水库汇合,径流速度快、来势猛,洪水暴涨骤落。大坝下游青口河河道狭窄弯曲,两岸为开阔平原,涉及塔山、赣马、海头、青口、城头、城西、厉庄、石桥、金山等 9 个乡镇,人口稠密。水库一旦泄洪,洪水 4 小时即可到达赣榆区主城区(青口镇),入库洪水经青口河下泄入黄海。

2. 石梁河水库

石梁河水库位于新沭河中游丘陵区,地处连云港市东海县、赣榆区交界处,上游与山东省临沭县接壤。其集水面积为 15 365 km²,其中新沭河大官庄闸至水库区间 915 km² 全部洪水入库、沭河大官庄以上 4 350 km² 部分洪水经新沭河汇入水库、沂河(集水面积为

10 100 km^2)部分洪水经分沂入沭水道和新沭河汇入水库。其总库容为 5.26 亿 m^3,其中兴利库容为 2.34 亿 m^3,调洪库容为 3.18 亿 m^3,是一座具有防洪、灌溉、供水、发电、水产养殖、旅游等综合功能的大(2)型水库。水库防洪效益约能保护下游连云港市、陇海铁路、310 国道,保护人口 80 万人,保护耕地 200 万亩。

水库下游河道为新沭河,为 1949—1953 年开辟的沭河下游分泄沂河、沭河洪水的河道。石梁河上游新沭河部分从临沭县大官庄北劈开马陵山,分沂、沭河洪水东流,过大兴镇入江苏省境,流注入石梁河水库,经水库调蓄后,东经东海、赣榆两县区界汇入临洪河,出临洪口入海州湾,全长约 80 km。其中石梁河水库下游河道长 45 km,太平庄闸下河道长约 13 km,左岸涉及赣榆区沙河、墩尚等镇,右岸涉及东海县石梁河、黄川等镇、海州区、连云区。新沭河(石梁河水库以下)于 2012 年完成除险加固工程,整治后,泄洪流量按 6 000 m^3/s 设计、7 000 m^3/s 校核,满足 50 年一遇设计防洪标准。目前,冬春季泄洪流量超过 800 m^3/s 时,局部地区洪水上滩,影响小麦生长。

3. 安峰山水库

安峰山水库位于东海县安峰镇和曲阳乡境内,集水面积为 175.6 km^2,集水范围主要包括石湖乡尤塘、石湖村、牛山街道西菜、湖西、曹林、张谷村、曲阳乡前张、尹官庄、赵庄、城南、城北、曲阳、兴旺、曹庄、黄树、陆湖、种畜场费岭村、安峰镇库西、毛北村。其总库容为 1.13 亿 m^3,其中兴利库容为 6 707 万 m^3,调洪库容为 7 080 万 m^3,是一座具有防洪、灌溉、水产养殖等综合功能的大(2)型水库。

水库保护下游耕地 76 万亩,人口 46 万,范围包括安峰镇陈集、山西、峰西、大稠、蒋河、石埠、峰南、六马、马圩村,沭阳县茆圩乡石汪、毕庄、戴庄村。

安峰山水库流域范围内包括西双湖水库、张谷和曲阳水库,其中西双湖水库流域面积为 22.3 km^2,总库容为 1 760 万 m^3,张谷水库流域面积为 20.7 km^2,总库容为 570.75 万 m^3,曲阳水库流域面积为 17 km^2,总库容为 610.05 万 m^3。安峰山水库南溢洪道下游为厚镇河,经黑泥沟、黄泥河入蔷薇河,至临洪河口入海。南溢洪道左岸涉及安峰镇山西、峰西、石埠、峰南、六马、马圩村,右岸涉及安峰镇陈集、大稠、蒋河村和沭阳县茆圩乡石汪、毕庄、戴庄村,全长 27 km。河道于 2007 年进行整治,整治标准为水库泄洪 50 m^3/s 与区间 5 年一遇排涝流量之和,仍达不到水库泄洪 335 m^3/s 的要求,历史最大泄洪流量为 59 m^3/s,防洪标准为 10 年一遇。东泄洪道为安房河,河道全长 13.1 km,河道自开挖以来未进行过整治疏浚,河道淤积严重,历史最大泄洪流量为 20 m^3/s,防洪标准为 10 年一遇。

4. 西双湖水库

西双湖水库位于东海县城西郊,跃进河的下游,集水面积为 22.3 km^2,集水范围主要包括牛山街道湖西村、石湖乡尤塘村、金塘村,石榴街道杨圩村、讲习村。其总库容为 1 760 万 m^3,其中兴利库容为 1 355 万 m^3,调洪库容为 625 万 m^3,死库容为 20 万 m^3,是一座具有防洪、灌溉、城镇工业、生活用水、生态用水、旅游等综合利用的中型水库。

西双湖水库所在流域地势西高东低,上游有贺庄水库、昌梨水库和讲习水库,通过跃进河与昌平河向水库汇水,干流长度为 9.7 km,干流比降为 7.6‰。其中贺庄水库流域面积为 57 km^2,总库容为 2 654 万 m^3;昌梨水库流域面积为 35 km^2,总库容为 2 111 万 m^3,讲习水库流域面积为 11.4 km^2,总库容为 372.36 万 m^3。水库防洪效益约能保护下游人口 5.0 万,耕地 1.5 万亩,保护范围包括湖南村、郑庄村、英疃村、东蔡村、西蔡村,东海县城驻地、西开发区、东陇海铁路线、徐连高速。

水库泄洪河道为卫星河,洪水通过张谷水库,进入安峰山水库,河道全长 12 km,溢洪道左岸线涉及牛山街道湖南村,右岸线涉及曲阳乡张谷村。2014 年河道上游段进行了清淤疏浚,河道正常行洪在 20 m³/s,防洪标准按 10 年一遇。

5. 房山水库

房山水库位于白沙河上游,东海县房山镇境内,集水面积为 54.6 km²,集水范围主要包括牛山街道郇圩村、种猪场、东海农场、房山镇柘塘、库北村、曲阳乡薛埠、兴西村。总库容为 2 561 万 m³,其中兴利库容为 1 156 万 m³,调洪库容为 1 681 万 m³,是一座具有防洪、灌溉、水产养殖等综合功能的中型水库。

水库保护下游 7.69 万亩耕地,7.0 万人口,范围主要包括房山镇双岭、山后两个村以及平明镇虎山、秦范、安营三个村。

房山水库上游通过安房河与安峰山水库相连。水库溢洪道为白沙河,从泄洪闸至淮沭新河河道全长 3.6 km。溢洪道左岸涉及房山镇双岭村和平明镇虎山、秦范、安营三个村,右岸涉及房山镇山后村。河道堤防标准为不足 10 年一遇,河道行洪能力达不到设计标准,历史最大泄洪量为 100 m³/s。

6. 八条路水库

八条路水库位于江苏省连云港市赣榆区西北部低山丘陵区的谢湖河下游,集水面积为 32 km²,水库汇流区域主要为山丘区。其总库容为 2 143 万 m³,属中型水库,其中兴利库容为 1 473 万 m³,调洪库容为 948 万 m³。该水库设计效益以防洪为主,结合灌溉、供水、水产养殖等综合利用。水库保护人口约 5.5 万人,耕地 3.2 万亩。水库设计灌溉面积 2.2 万亩,实灌 1.7 万亩。水库建成以来,有力改善了水利条件,促进了当地工农业生产的发展。

谢湖河干流长 8.1 km,干流比降为 68.04‰。谢湖河区域年内降雨时间分布极不均匀,汛期多,非汛期少。水库有两座溢洪道,分为南溢洪道与北溢洪道,其位置分别位于溢洪道桩号 0+000 及 0+930 处。南溢洪闸净宽 21 m(3 孔×7 m),底板高程为 29.5 m,南溢洪闸后接溢洪渠道,溢洪渠道下游有二级跌水式消能,溢洪时流经金山镇平子埃村后流入龙王河,全长约 1.8 km;北溢洪闸经过维修加固,作为非常溢洪道使用,非常溢洪道净宽 28 m,遇 100 年一遇洪水时启用,相应堰顶高程为 32.56 m,溢洪时流经金山镇石埠村前流入龙王河,全长约 2.5 km。

7. 大石埠水库

大石埠水库位于东海县桃林镇境内,高流河支流桃林河下游,集水面积为 78.0 km²,集水范围主要包括山左口乡(团林、芝麻)2 个村及桃林镇(官庄、北芹口、顶湖、皇城、南芹口、桃北、桃东、桃西、七埝、彭才、关注)11 个村。其总库容为 2 217 万 m³,其中兴利库容为 502 万 m³,调洪库容为 1 879 万 m³,是一座具有防洪、灌溉、水产养殖等综合功能的中型水库。

水库保护下游 1.2 万亩耕地,1.0 万人口,范围主要包括桃林镇西石埠、东石埠、陈州、大李四个村以及新沂市双塘镇新刘庄、张庄、丁集、袁湖四个村。

大石埠水库流域范围内包含芦窝、皇城两座小水库,其中芦窝水库流域面积为 9.8 km²,总库容为 755.09 万 m³,皇城水库流域面积为 3.8 km²,总库容为 66.74 万 m³。大石埠水库溢洪道从溢洪闸泄洪入新沂市高塘水库。溢洪道左岸涉及桃林镇东石埠村、大李村以及新沂市双塘镇新刘庄村、丁集村,右岸涉及桃林镇西石埠、陈州村以及新沂市双塘镇张庄村、袁湖村。高流河河道全长 6.5 km，为自然河道，堤防标准为不足 10 年一遇，河道行洪能力达不到设计标准，历史最大泄洪量为 51 m³/s。

第三节 计 算 方 法

一、河道生态水位的计算方法

由于连云港市河道大都由闸坝控制，因此其水系的生态基流由各节点的生态水位来代替。根据连云港市水系及拦河建筑物分布，结合水文资料，选择重要河流确定其生态水位。

连云港市地处沂沭泗水系下游，境内河网发达，连云港市各河道的生态基流由生态水位来代替。

在进行连云港市主要河流生态水位计算时，主要选用的方法为湿周法和最小生物空间法，在有水位资料的情况下，还可采用排频法。但连云港市境内河道大都由闸坝控制，实行高度调节控制，排频法的计算结果不具代表性，因此计算结果的选取主要是在湿周法与最小生物空间法中选取。湿周是衡量生物栖息地质量的一个指标，在河道湿周和生物生存空间需求均能满足的情况下，结合实际情况综合考虑，选择湿周率较大的值作为最终生态水位较为适宜。

二、水库生态水位的计算方法

确定连云港市水库生态水位时主要方法有湖泊形态分析法、最小生物空间法、湖泊死水位法，有长系列水位资料的使用了排频法，无长系列资料的选用了最枯月平均水位法，几种方法相互比较，在满足最小生物生存空间的情况下，结合实际情况和水库运行综合考虑，选择适宜的生态水位。

第六章 生态水位计算

第一节 河流生态水位分析计算

一、蔷薇河

(1) 河道断面形状

蔷薇河上设有临洪水文站,于1963年设立,具有长系列水文资料。2012年富安闸建成后,原蔷薇河洪水经东站引河入海,临洪断面主要控制鲁兰河来水。临洪断面上、下游河道顺直,上游长约1.7 km,下游长约500 m。主槽宽110 m,为复式断面,右岸滩宽80 m,左岸滩宽30 m,亚黏土河床,左岸为亚黏土,右岸为亚砂土,逐年有冲刷,断面水流集中,无岔流串沟,当水位在2.50 m时为漫滩,右岸滩地芦苇水草较多。临洪断面上游2 km有富安闸,设计流量为100 m³/s,控制蔷薇河来水,下游4 km为临洪闸,设计流量为1 380 m³/s,断面下泄水量受临洪闸控制。

根据蔷薇河临洪水文站实测大断面资料,绘制断面如图6-1所示,河道断面形状近似为抛物线形。

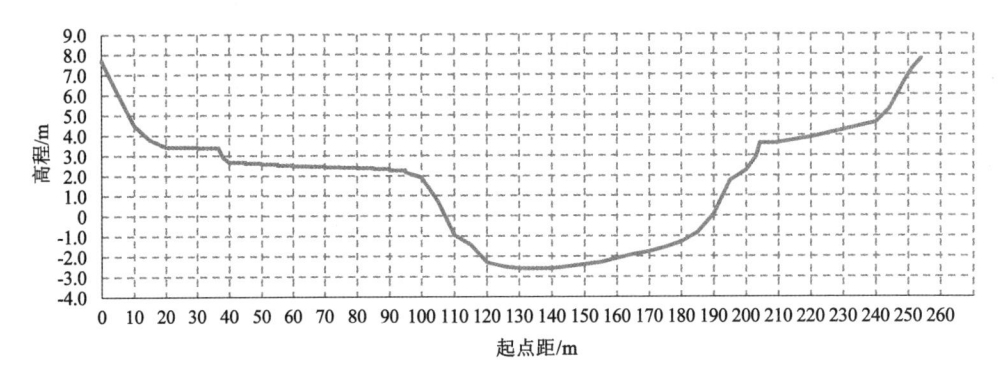

图6-1 蔷薇河实测大断面图

(2) 湿周法

该方法利用湿周作为栖息地质量指标,建立临界栖息地湿周与流量的关系曲线,根据湿周流量关系图中的拐点确定河流生态流量。当拐点不明显时,可以以某个湿周率相应的流量,作为生态流量。

根据谢才公式,湿周与流量的关系式为:

$$Q=\frac{1}{n}A^{\frac{5}{3}}P^{-\frac{2}{3}}I^{\frac{1}{2}}$$

式中，Q 为河道流量，m³/s；A 为过水面积，m²；P 为河道断面形状的湿周，m；I 为水力坡度；n 为粗糙系数。

在断面水位已定的情况下，断面流量还与河床糙率、水力坡度相关，为了消除河床糙率、水力坡度的影响，流量采用标准化后的流量。根据图6-1，蔷薇河临洪水文站断面右岸滩地较宽，为了消除滩地对湿周-流量关系曲线的影响，水位计算至2.0 m，相应最大水深为4.6 m。

蔷薇河湿周-标准化流量关系曲线如图6-2所示。

由图6-2可以看出，除河底部分外，蔷薇河湿周-标准化流量关系曲线基本无拐点，蔷薇河常水位为2.52 m，以常水位湿周为基准，选取60%湿周率作为最低生态水位，相应水位为0.75 m。

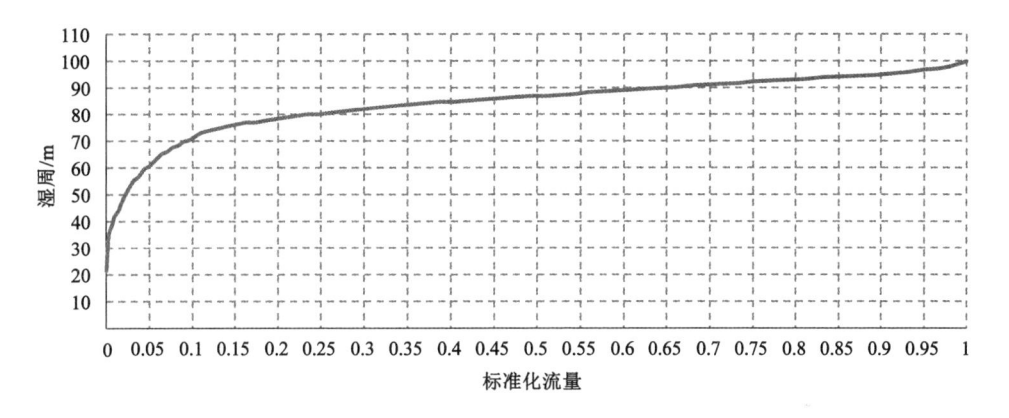

图 6-2 蔷薇河湿周-标准化流量关系曲线图

（3）最小生物空间法

蔷薇河的鱼类以草鱼、鲤鱼、鲢鱼、鲫鱼为主，鲢鱼为主要的上层鱼类，其生存水深取1.50 m。蔷薇河的植被类型以芦苇为主，湿地鸟类主要是迁徙水禽鸭类。蔷薇河河底高程为－2.6 m，以此计算蔷薇河最低生态水位为－1.1 m，相应湿周率为48.2%，低于一般湿周率不小于60%的要求。

（4）排频法

由于蔷薇河供水条件较好，以蔷薇河1980—2017年年最低水位排频，见图6-3。

由图6-3可知，以蔷薇河1980—2017年年最低日平均水位排频，频率取95%，得蔷薇河生态水位为1.29 m，相应常水位湿周率为62.8%，满足河道湿周及最小生物空间需求。

根据分析，最小生物空间法无法满足湿周率要求，蔷薇河供水条件又较好，湿周法的计算结果能够满足湿周率及生物生存空间需求，综合考虑，选择湿周法的计算结果0.75 m作为蔷薇河最低生态水位。

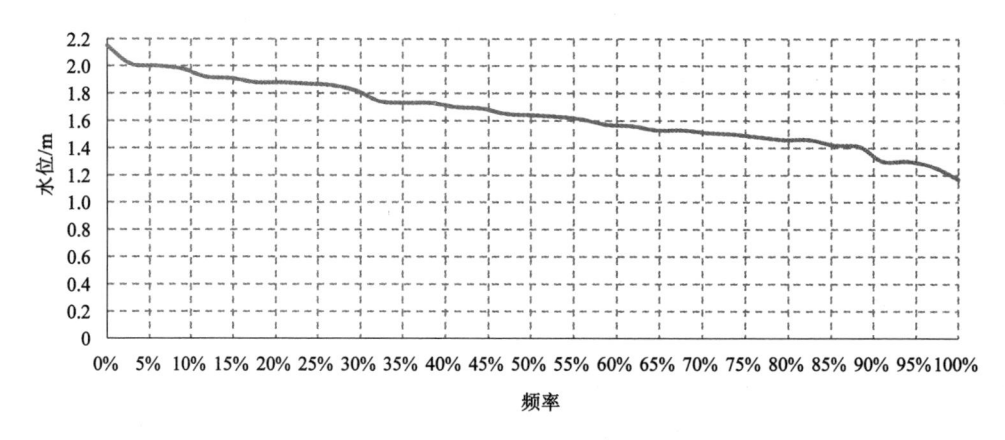

图 6-3　蔷薇河年最低日平均水位历时曲线图

二、云善河

(1) 河道断面形状

选取云善河新鑫大桥断面作为云善河生态水位代表断面,根据 2018 年 11 月实测的大断面资料,绘制断面如图 6-4 所示,河道断面形状底部为 V 字形段面,中上部为疏港航道岸墙,总体为复式断面。

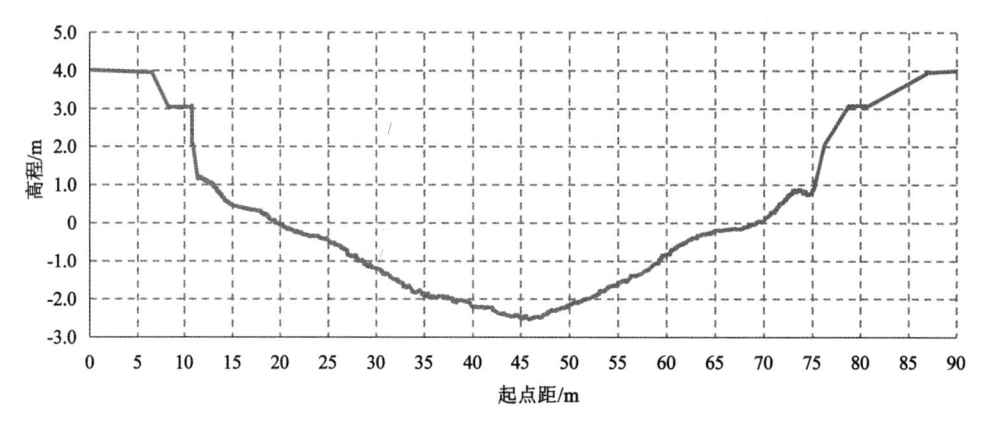

图 6-4　云善河实测大断面图

(2) 湿周法

根据调查,云善河常水位为 1.7 m,云善河湿周-标准化流量关系曲线如图 6-5 所示。

由图 6-5 分析,标准化流量大于 0.55 时,疏港航道基本为直立式,湿周变化很小,标准化流量 0.55 相应水位为 1.22 m,相应湿周率为 98.90%。云善河湿周-标准化流量关系曲线拐点在标准化流量 0.22 处,标准化流量 0.22 相应水位为 0.50 m,相应湿周率为 87.33%。

(3) 最小生物空间法

云善河的鱼类以草鱼、鲤鱼、鲢鱼、鲫鱼为主,鲢鱼为主要的上层鱼类,其生存水深取 1.50 m。云善河河底高程为 −2.53 m,以此计算云善河最低生态水位为 −1.03 m,相应湿

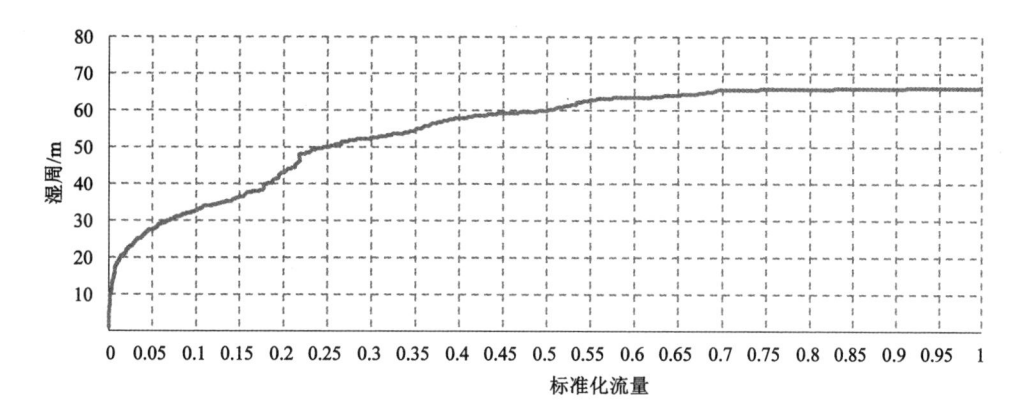

图 6-5　云善河湿周-标准化流量关系曲线图

周率为 46.91%，低于一般湿周率不小于 60% 的要求。

(4) 排频法

云善河为连云港市疏港航道的一部分，上游与善后河相通，代表断面距善后河约 10 km，枯水期为了保证航道通航用水，善北船闸一般全开，由于疏港航道过水能力很大，水位和善后河相差很小，以善后河板浦水位站 1980—2017 年年最低日平均水位排频，见图 6-6。

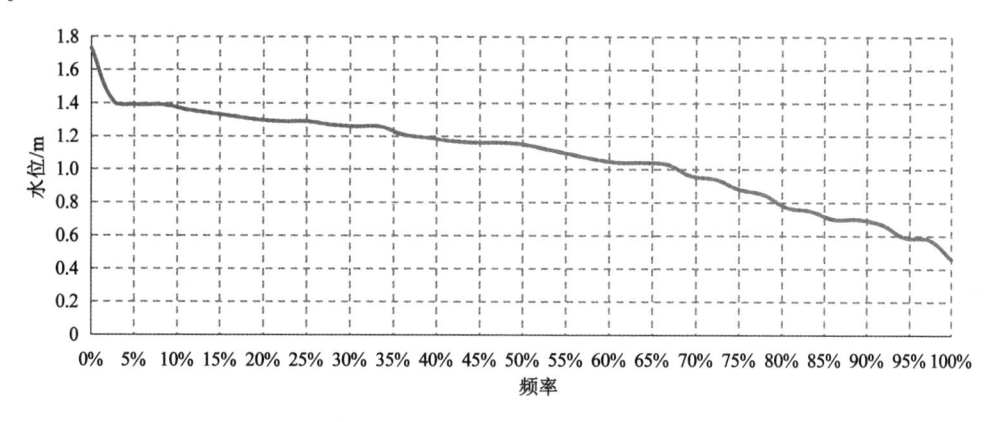

图 6-6　云善河年最低日平均水位历时曲线图

由图 6-6 可知，以善后河板浦水位站 1980—2017 年年最低水位排频，频率取 90%，得云善河生态水位为 0.68 m，相应常水位湿周率为 89.86%，满足河道湿周及最小生物空间需求。

根据分析，最小生物空间法的计算结果无法满足湿周率的要求，湿周法与排频法的计算结果均能满足湿周率和生物生存空间需求，综合考虑，选择湿周法的计算结果 0.50 m 作为云善河最低生态水位。

三、烧香河

(1) 河道断面形状

选取烧香河中云台国际物流园铁路专用线桥处断面作为烧香河生态水位代表断面，根据 2017 年 10 月的实测大断面资料,绘制断面如图 6-7 所示,河道断面形状底部为抛物线形,中上部为疏港航道岸墙,总体为复式断面。

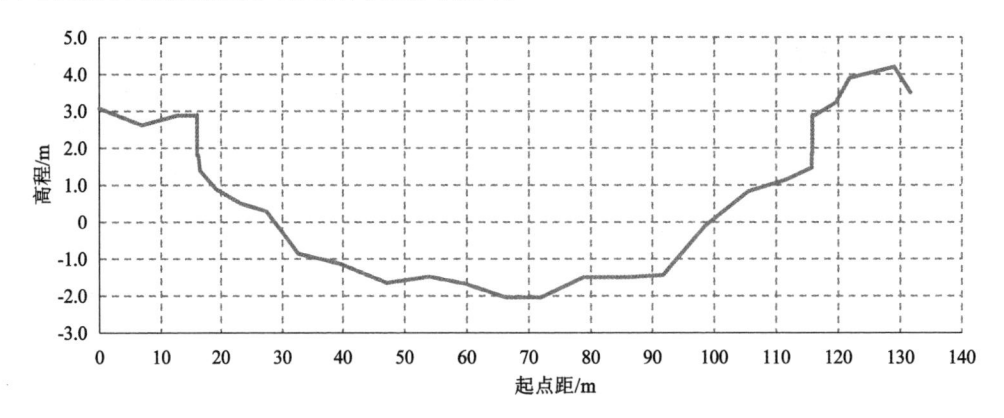

图 6-7 烧香河实测大断面图

(2) 湿周法

根据调查,烧香河常水位为 1.7 m,烧香河湿周-标准化流量关系曲线如图 6-8 所示。

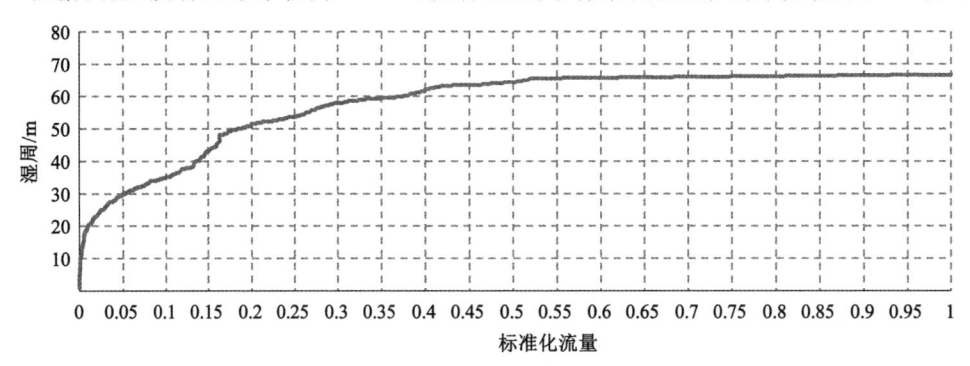

图 6-8 烧香河湿周-标准化流量关系曲线图

烧香河常水位为 1.70 m,由于烧香河河道断面形状底部为抛物线形,中上部为疏港航道岸墙,由图 6-8 可以看出,除河底部分外,烧香河湿周-标准化流量关系曲线有多个拐点。一拐点在标准化流量 0.17 处,对应的湿周率为 33.93%,不满足一般湿周率不小于 60% 的要求。还有一拐点位于标准化流量 0.35 处,对应的湿周率为 89.15%,可以满足要求,对应的水位为 0.16 m,以此作为烧香河生态水位。

(3) 最小生物空间法

烧香河的鱼类以草鱼、鲤鱼、鲢鱼、鲫鱼为主,鲢鱼为主要的上层鱼类,其生存水深取 1.50 m。烧香河河底高程为 -2.05 m,以此计算烧香河最低生态水位为 -0.55 m,相应湿周率为 74.3%,满足一般湿周率不小于 60% 的要求。

(4) 排频法

由于烧香河为连云港市疏港航道的一部分,上游通过云善河与善后河相通,枯水期为了保证航道通航用水,善北船闸一般全开,由于疏港航道过水能力很大,水位和善后河相差很小,以善后河板浦水位站 1980—2017 年年最低日平均水位排频,见图 6-9。

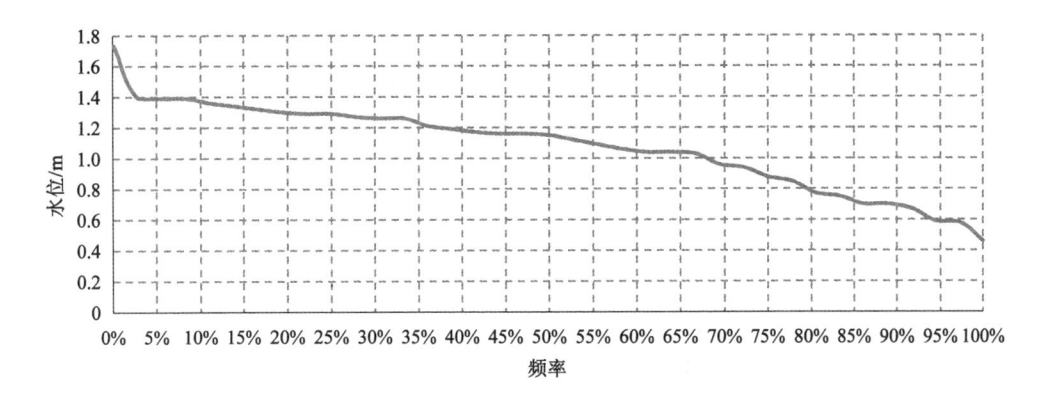

图 6-9 烧香河年最低日平均水位历时曲线图

由图 6-9 可知，由于烧香河水深条件较好，以善后河板浦水位站 1980—2017 年年最低水位排频，频率取 95%，得烧香河最低生态水位为 0.59 m，相应常水位湿周率为 96.33%，满足河道湿周及最小生物空间需求。

根据分析，湿周法、最小生物空间法、排频法三种方法均能满足河道湿周及最小生物空间需求，烧香河常水位为 1.70 m，比较湿周法与最小生物空间法的计算结果，选择湿周率较大的值作为生态水位，综合考虑，选择湿周法的计算结果 0.16 m 作为烧香河生态水位较为适宜。

四、叮当河

（1）河道断面形状

选取叮当河许相庄桥处断面作为叮当河生态水位代表断面，根据 2018 年 11 月的实测大断面资料，绘制断面如图 6-10 所示，河道断面形状为抛物线形。

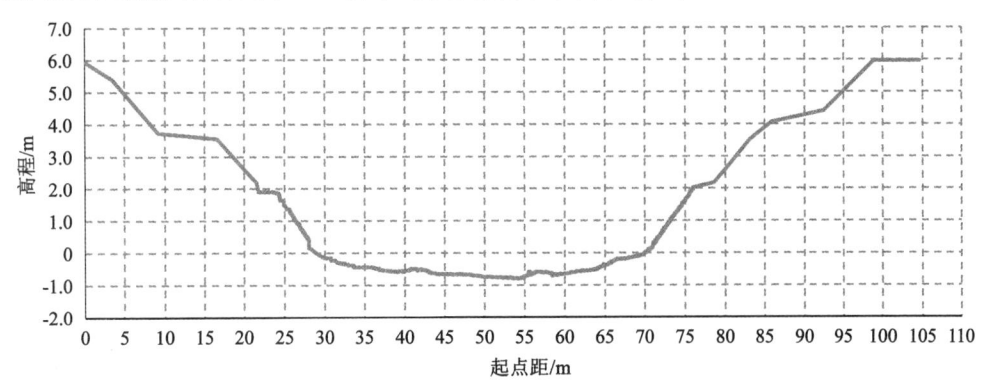

图 6-10 叮当河实测大断面图

（2）湿周法

根据调查，叮当河常水位为 2.2 m，叮当河湿周-标准化流量关系曲线如图 6-11 所示。

由图 6-11 可以看出，除河底部分外，叮当河湿周-标准化流量关系曲线基本无拐点，以常水位湿周为基准，选取 80% 湿周率作为最低生态水位，相应水位为 0.85 m。

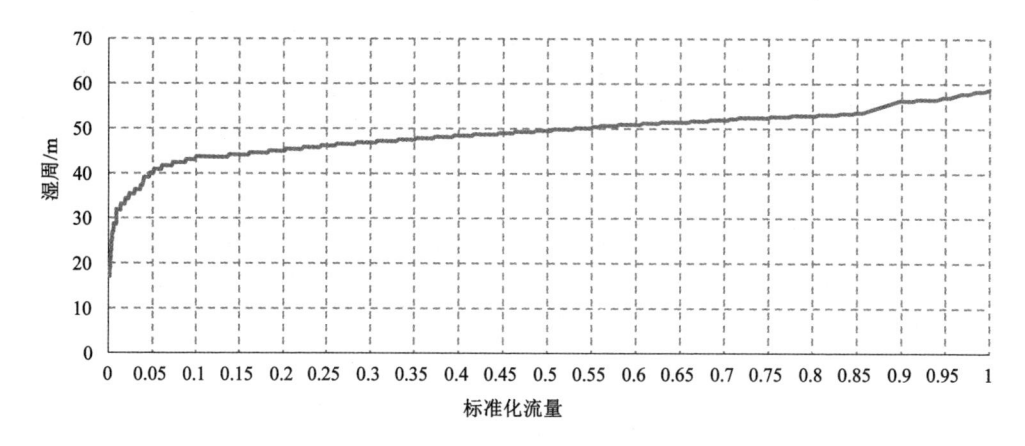

图 6-11 叮当河湿周-标准化流量关系曲线图

(3) 最小生物空间法

叮当河的鱼类以草鱼、鲤鱼、鲢鱼、鲫鱼为主,鲢鱼为主要的上层鱼类,其生存水深取 1.50 m。叮当河底高程为 −0.80 m,以此计算叮当河最低生态水位为 0.70 m,相应湿周率为 78.4%,满足一般湿周率不小于 60% 的要求。

根据分析,湿周法与最小生物空间法均能满足湿周与最小生物空间需求,综合考虑,选取湿周法计算结果 0.85 m 作为叮当河最低生态水位。

五、车轴河

(1) 河道断面形状

选取车轴河 242 国道四队大桥处断面作为车轴河生态水位代表断面,根据 2018 年 11 月的实测大断面资料,绘制断面如图 6-12 所示,河道断面形状为抛物线形。

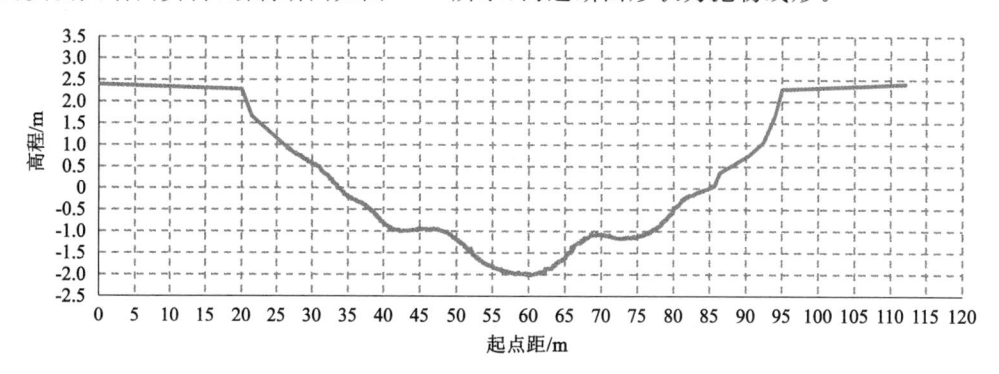

图 6-12 车轴河实测大断面图

(2) 湿周法

根据调查,代表河段位于节制线以下,车轴河下段常水位为 1.7 m,车轴河湿周-标准化流量关系曲线如图 6-13 所示。

由图 6-13 可以看出,除河底部分外,车轴河湿周-标准化流量关系曲线拐点不显著,以常水位湿周为基准,选取 80% 湿周率作为最低生态水位,相应水位为 0.56 m。

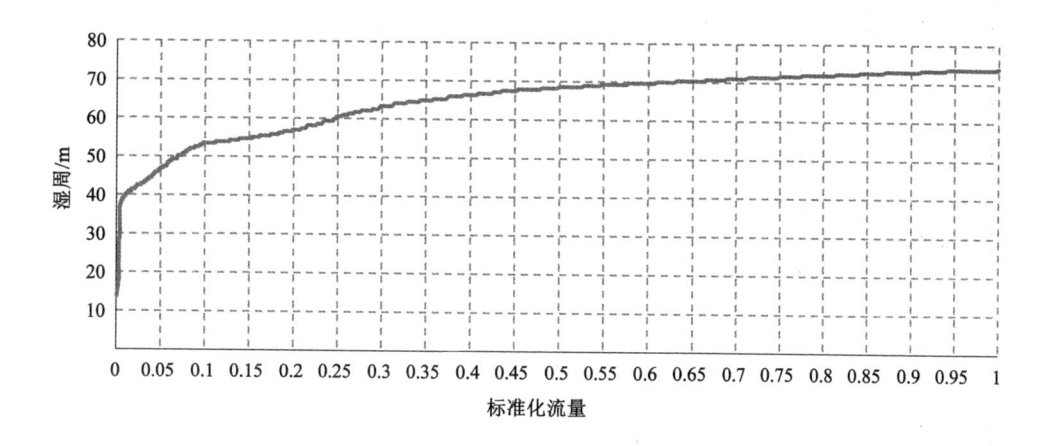

图 6-13　车轴河湿周-标准化流量关系曲线图

(3) 最小生物空间法

车轴河的鱼类以草鱼、鲤鱼、鲢鱼、鲫鱼为主，鲢鱼为主要的上层鱼类，其生存水深取 1.50 m。车轴河河底高程为 −2.0 m，以此计算车轴河最低生态水位为 −0.50 m，相应湿周率为 57.4%，不能满足一般湿周率不小于 60% 的要求。

根据分析，最小生物空间法不能满足湿周率要求，因此车轴河选取湿周法计算结果 0.56 m 作为车轴河最低生态水位。

六、界圩河

(1) 河道断面形状

选取界圩河四图线桥处断面作为界圩河生态水位代表断面，根据 2018 年 11 月的实测大断面资料，绘制断面如图 6-14 所示，河道断面形状为抛物线形。

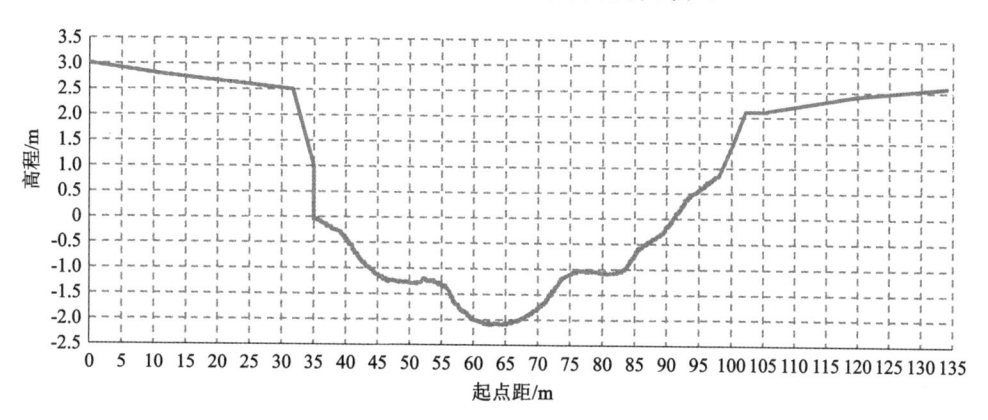

图 6-14　界圩河实测大断面图

(2) 湿周法

根据调查，代表河段位于节制线以下，界圩河下段常水位为 1.7 m，界圩河湿周-标准化流量关系曲线如图 6-15 所示。

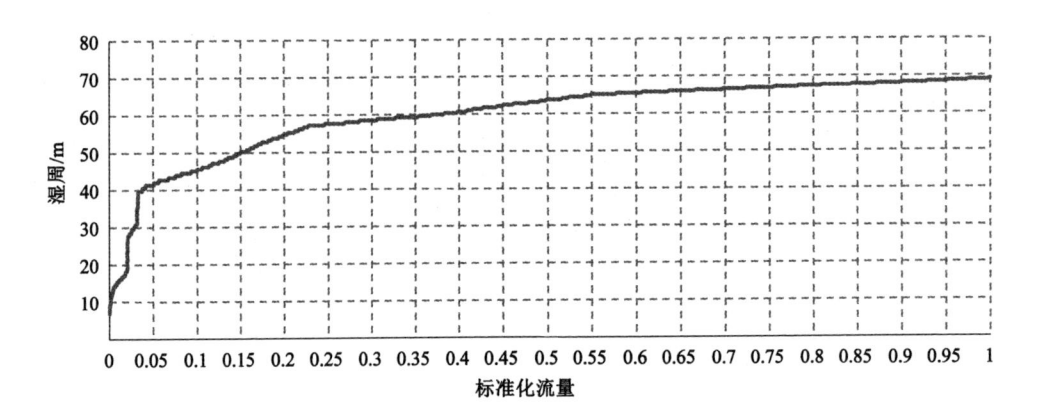

图 6-15　界圩河湿周-标准化流量关系曲线图

由图 6-15 可以看出,界圩河湿周-标准化流量关系曲线拐点位于 0.24 处,相应湿周率为 82.7%,相应水位为 0.03 m。

(3) 最小生物空间法

界圩河的鱼类以草鱼、鲤鱼、鲢鱼、鲫鱼为主,鲢鱼为主要的上层鱼类,其生存水深取 1.50 m。界圩河河底高程为 -2.09 m,根据最小生物空间法得界圩河最低生态水位为 -0.59 m,相应湿周率为 65.17%,满足一般湿周率不小于 60% 的要求。

根据分析,湿周法与最小生物空间法均能满足湿周率和生物生存空间需求,界圩河常水位为 1.70 m,湿周法湿周率为 82.7%,最小生物空间法湿周率为 65.17%,综合考虑,选择湿周法计算结果 0.03 m 作为界圩河生态水位较为适宜。

七、东门河

(1) 河道断面形状

选取东门河 204 国道桥处断面作为东门河生态水位代表断面,根据 2018 年 11 月的实测大断面资料,绘制断面如图 6-16 所示,河道断面形状基本为 V 字形。

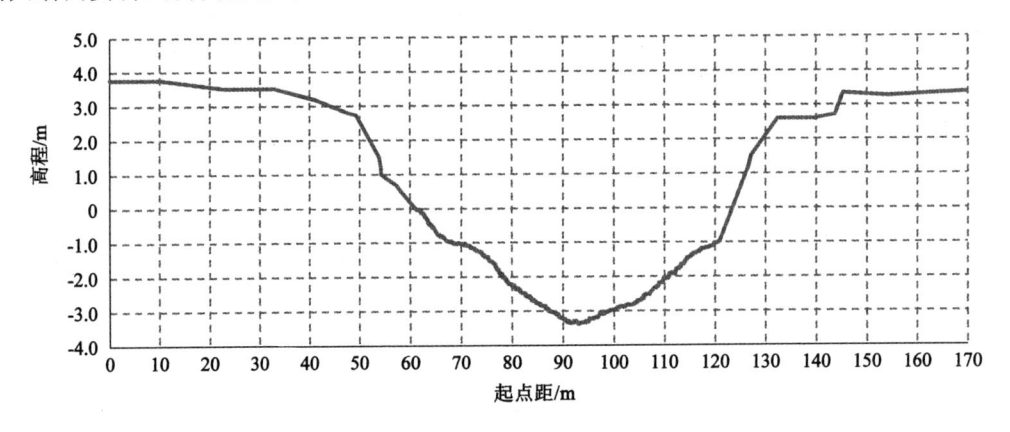

图 6-16　东门河实测大断面图

(2) 湿周法

根据调查,代表河段位于节制线以上,东门河上段常水位为 1.8 m,东门河湿周-标准化流量关系曲线如图 6-17 所示。

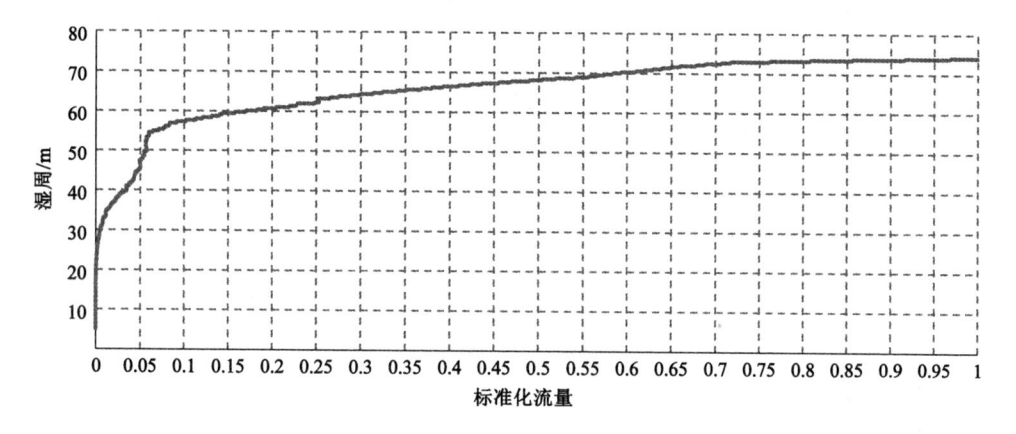

图 6-17 东门河湿周-标准化流量关系曲线图

由图 6-17 可以看出,东门河湿周-标准化流量关系曲线拐点位于 0.064 处,相应湿周率为 73.5%,相应水位为 −0.47 m。

(3) 最小生物空间法

东门河的鱼类以草鱼、鲤鱼、鲢鱼、鲫鱼为主,鲢鱼为主要的上层鱼类,其生存水深取 1.50 m。东门河河底高程为 −3.35 m,以此计算东门河最低生态水位为 −1.85 m,相应湿周率为 37.7%,不能满足一般湿周率不小于 60% 的要求。

(4) 排频法

东门河代表断面位于灌云东部水位节制线以上,上游与盐河相连,距盐河约 4.2 km,枯水期与盐河灌云段水位相差很小,以盐河灌云水位站 1980—2015 年年最低日平均水位排频,见图 6-18。

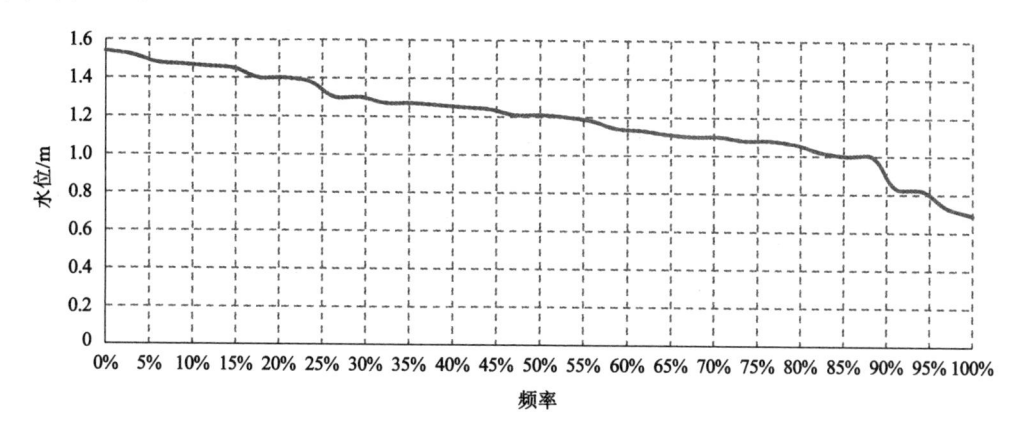

图 6-18 东门河年最低日平均水位历时曲线图

由图 6-18 可知,以盐河灌云水位站 1980—2015 年年最低水位排频,频率取 90%,得东门河最低生态水位为 0.90 m,相应常水位湿周率为 90.4%,满足河道湿周及最小生物空间需求。

根据分析,除最小生物空间法外,湿周法与排频法均能满足河道湿周及最小生物空间需求,综合考虑,选择湿周法计算结果-0.47 m作为东门河生态水位。

八、柴米河

(1) 河道断面形状

选取233国道柴米河大桥处断面作为柴米河生态水位代表断面,根据2018年11月的实测大断面资料,绘制断面如图6-19所示,河道断面形状近似为梯形。

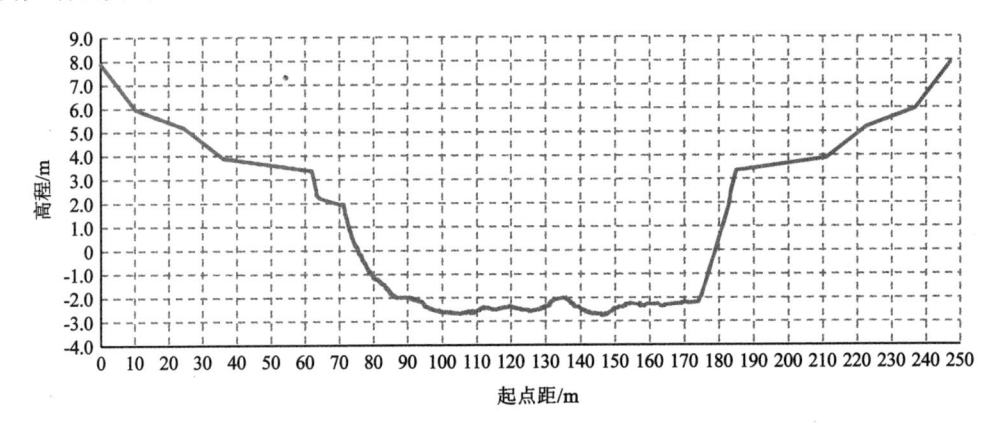

图6-19 柴米河实测大断面图

(2) 湿周法

根据调查,柴米河常水位为2.44 m,柴米河湿周-标准化流量关系曲线如图6-20所示。

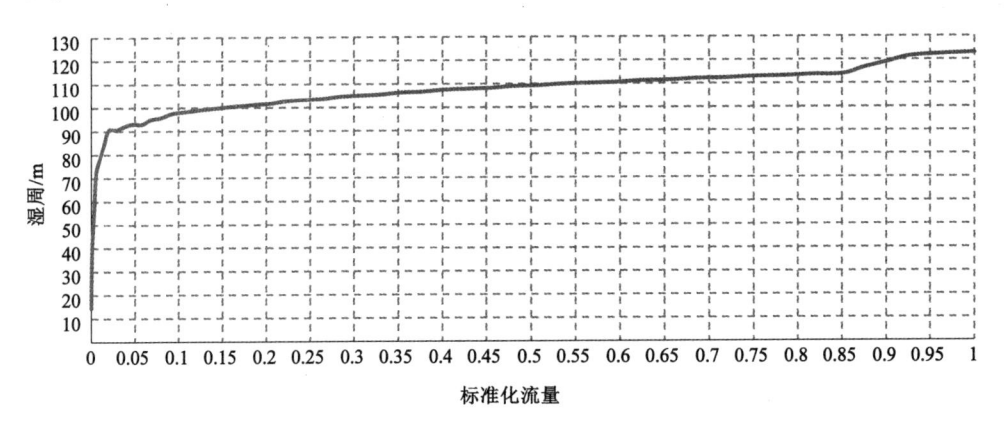

图6-20 柴米河湿周-标准化流量关系曲线图

由图6-20可以看出,柴米河湿周-标准化流量关系曲线除河底外,基本无拐点,以常水位湿周为基准,选取80%湿周率作为最低生态水位,相应水位为-1.0 m。

(3) 最小生物空间法

柴米河的鱼类以草鱼、鲤鱼、鲢鱼、鲫鱼为主,鲢鱼为主要的上层鱼类,其生存水深取

1.50 m。柴米河河底高程为-2.77 m,以此计算柴米河最低生态水位为-1.27 m,相应湿周率为77.92%,满足一般湿周率不小于60%的要求。

(4) 排频法

柴米河下游与盐河相连,测量断面距盐河约7.5 km,枯水期与盐河灌南段水位相差很小,以龙沟闸水位资料1980—2016年年最低日平均水位排频,见图6-21。

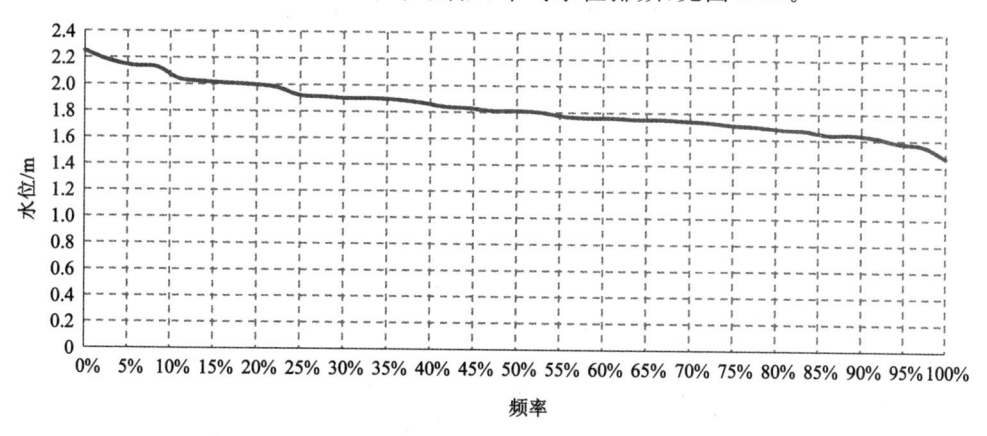

图6-21 柴米河年最低日平均水位历时曲线图

由图6-21可知,以龙沟闸上游1980—2016年年最低水位排频,频率取95%,得柴米河最低生态水位为1.58 m,相应常水位湿周率为91.2%,满足河道湿周及最小生物空间需求。

根据分析,三种方法均能满足河道湿周及最小生物空间需求,综合考虑,选择湿周法计算结果-1.0 m作为柴米河最低生态水位。

九、公兴河

(1) 河道断面形状

选取233国道公兴河大桥处断面作为公兴河生态水位代表断面,根据2018年11月的实测大断面资料,绘制断面如图6-22所示,河道断面形状近似为抛物线形。

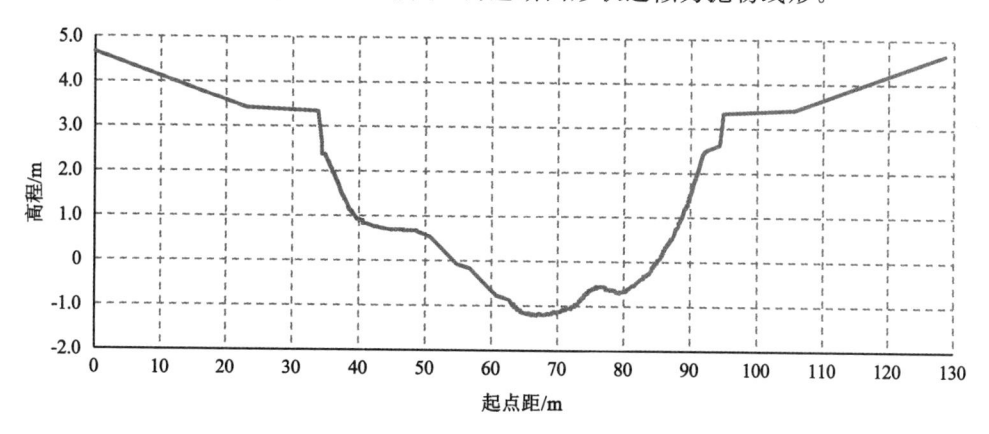

图6-22 公兴河实测大断面图

(2) 湿周法

根据调查，公兴河常水位为 2.44 m，公兴河湿周-标准化流量关系曲线如图 6-23 所示。

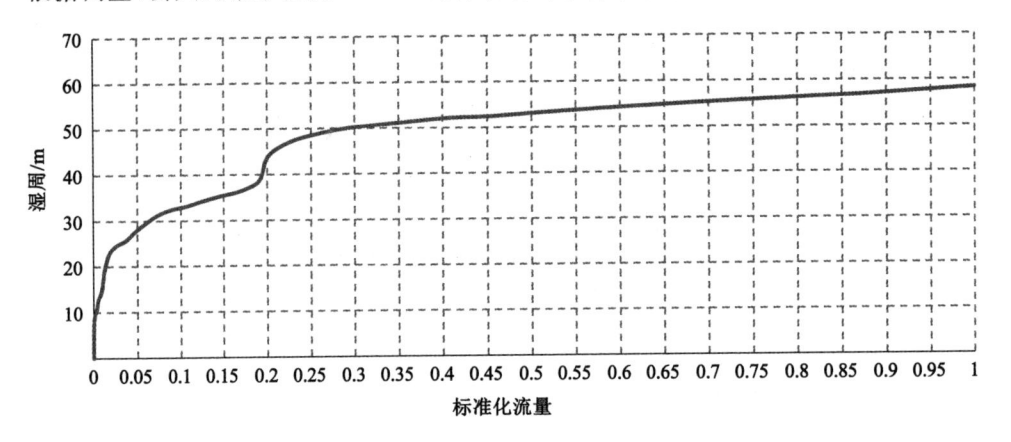

图 6-23 公兴河湿周-标准化流量关系曲线图

由图 6-23 可以看出，公兴河湿周-标准化流量关系曲线拐点位于 0.18 处，相应湿周率为 39.4%，相应水位为 -0.5 m，不能满足一般湿周率不小于 60% 的要求，以常水位湿周为基准，选取湿周率 80% 作为公兴河生态水位，取值为 0.75 m。

(3) 最小生物空间法

公兴河的鱼类以草鱼、鲤鱼、鲢鱼、鲫鱼为主，鲢鱼为主要的上层鱼类，其生存水深取 1.50 m。公兴河河底高程为 -1.21 m，以此计算公兴河最低生态水位为 0.29 m，相应湿周率为 58.8%，不能满足一般湿周率不小于 60% 的要求。

(4) 排频法

公兴河与南六塘河相连，汇入盐河，枯水期与盐河灌南段水位相差很小，以龙沟闸水位资料 1980—2016 年年最低日平均水位排频，见图 6-24。

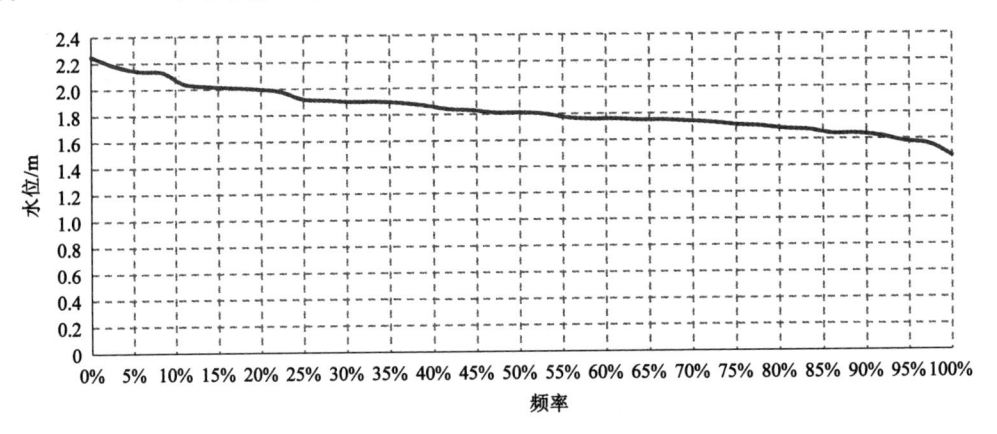

图 6-24 公兴河年最低日平均水位历时曲线图

由图 6-24 可知，以龙沟闸上游 1980—2016 年年最低水位排频，频率取 95%，得公兴河最低生态水位为 1.58 m，相应常水位湿周率为 91.6%，满足河道湿周及最小生物空间需求。

根据分析,最小生物空间法无法满足河道湿周需求,湿周法、排频法可以满足河道湿周及最小生物空间需求,综合考虑,选择湿周法计算结果 0.75 m 作为公兴河最低生态水位。

十、南六塘河

(1) 河道断面形状

选取灌南县人民西路南六塘河大桥处断面作为南六塘河生态水位代表断面,根据 2018 年 11 月的实测大断面资料,绘制断面如图 6-25 所示,河道断面形状近似为梯形。

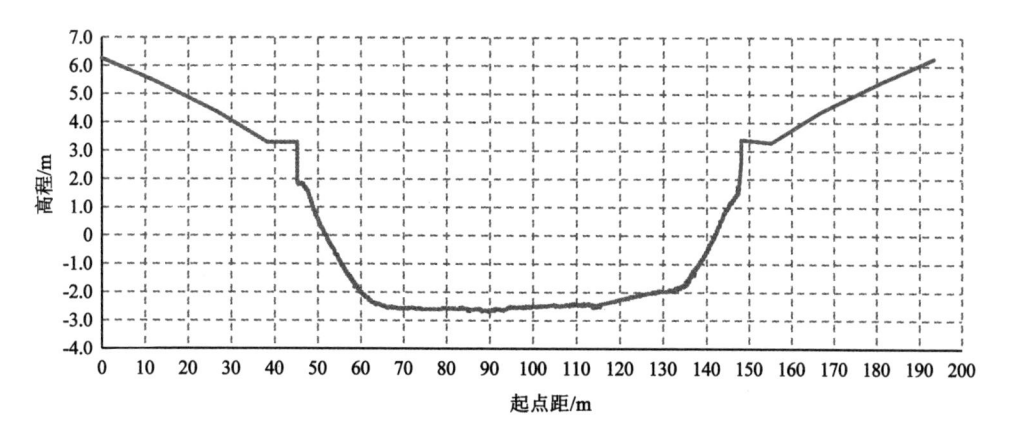

图 6-25 南六塘河实测大断面图

(2) 湿周法

根据调查,南六塘河常水位为 2.44 m,南六塘河湿周-标准化流量关系曲线如图 6-26 所示。

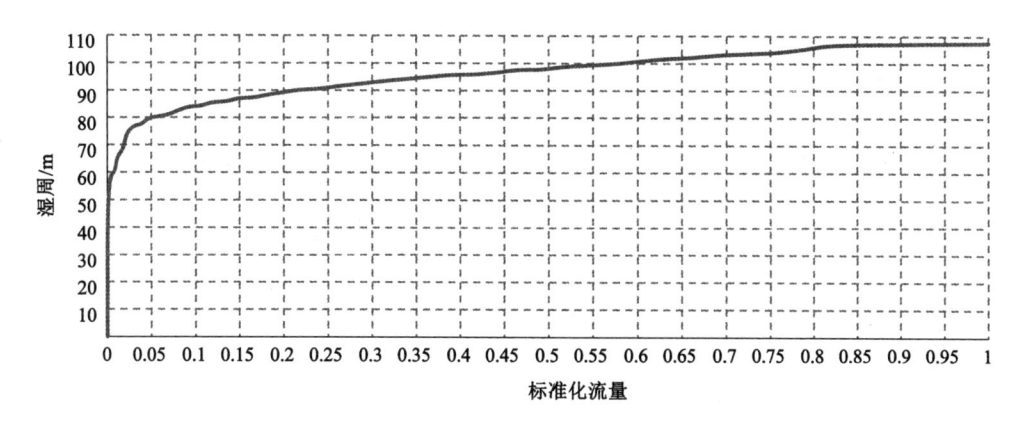

图 6-26 南六塘河湿周-标准化流量关系曲线图

由图 6-26 可以看出,除河底部分外,南六塘河湿周-标准化流量关系曲线基本无拐点,以常水位湿周为基准,选取 80% 湿周率作为最低生态水位,相应水位为 −0.8 m。

(3) 最小生物空间法

南六塘河的鱼类以草鱼、鲤鱼、鲢鱼、鲫鱼为主,鲢鱼为主要的上层鱼类,其生存水深取

1.50 m。南六塘河河底高程为-2.66 m,以此计算南六塘河最低生态水位为-1.16 m,相应湿周率为77%,可以满足一般湿周率不小于60%的要求。

(4) 排频法

南六塘河下游与盐河相连,测量断面距盐河约4.1 km,枯水期与盐河灌南段水位相差很小,以龙沟闸水位资料1980—2016年年最低日平均水位排频,见图6-27。

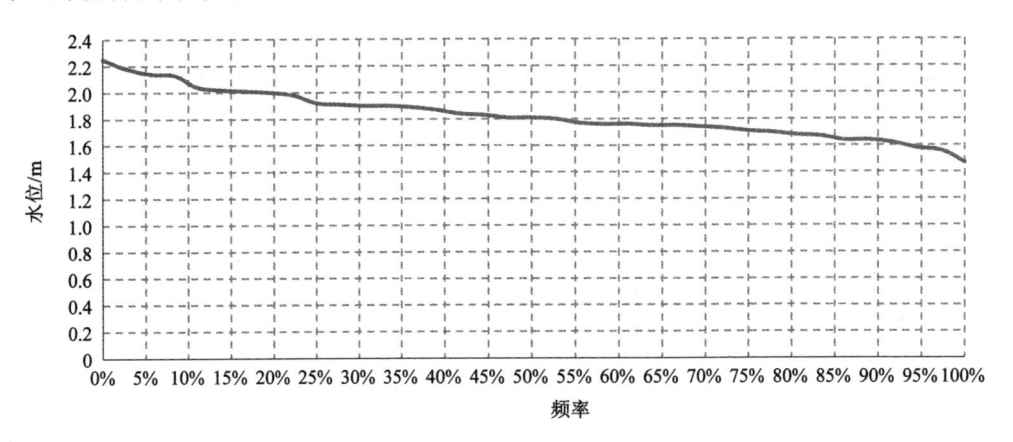

图6-27 南六塘河年最低日平均水位历时曲线图

由图6-27可知,以龙沟闸上游1980—2016年年最低水位排频,频率取95%,得南六塘河最低生态水位为1.58 m,相应常水位湿周率为96.0%,满足河道湿周及最小生物空间需求。

根据分析,三种方法均能满足河道湿周及最小生物空间需求,综合考虑,选择湿周法计算结果-0.80 m作为南六塘河最低生态水位。

十一、盐河

(1) 河道断面形状

选取盐河张店大桥处断面作为盐河生态水位代表断面,根据2018年11月的实测大断面资料,绘制断面如图6-28所示,河道断面形状近似为抛物线形。

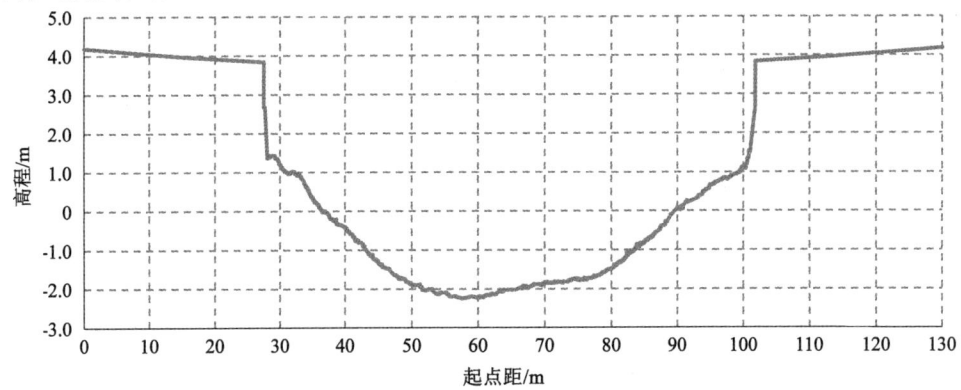

图6-28 盐河实测大断面图

(2) 湿周法

根据调查,盐河常水位为 2.44 m,盐河湿周-标准化流量关系曲线如图 6-29 所示。

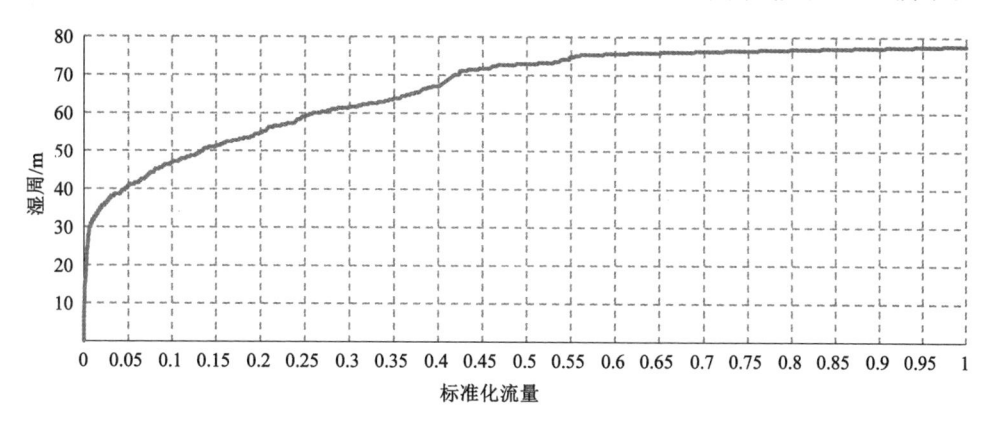

图 6-29 盐河湿周-标准化流量关系曲线图

由图 6-29 可以看出,盐河湿周-标准化流量关系曲线拐点位于 0.43 处,相应湿周率为 91.54%,相应水位为 1.04 m,满足一般湿周率不小于 60% 的要求。

(3) 最小生物空间法

盐河的鱼类以草鱼、鲤鱼、鲢鱼、鲫鱼为主,鲢鱼为主要的上层鱼类,其生存水深取 1.50 m。盐河河底高程为 −2.24 m,以此计算盐河最低生态水位为 −0.74 m,相应湿周率为 58.14%,不能满足一般湿周率不小于 60% 的要求。

(4) 排频法

以龙沟闸水位资料 1980—2016 年年最低日平均水位排频作盐河年最低日均水位历时曲线图,见图 6-30。

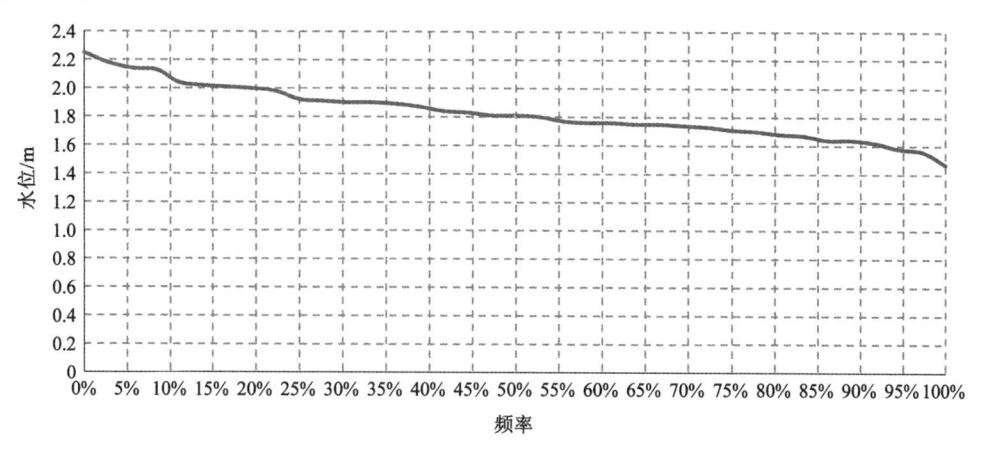

图 6-30 盐河年最低日平均水位历时曲线图

由图 6-30 可知,以龙沟闸上游 1980—2016 年年最低水位排频,频率取 95%,得盐河最低生态水位为 1.58 m,相应常水位湿周率为 97.74%,满足河道湿周及最小生物空间需求。

根据分析,除最小生物空间法外,湿周法、排频法均能满足河道湿周及最小生物空间需求,综合考虑,选择湿周法计算结果 1.04 m 作为盐河灌南段最低生态水位。

十二、一帆河

(1) 河道断面形状

选取省道 326 一帆河桥处断面作为一帆河生态水位代表断面,根据 2018 年 11 月的实测大断面资料,绘制断面如图 6-31 所示,河道断面形状近似为抛物线形。

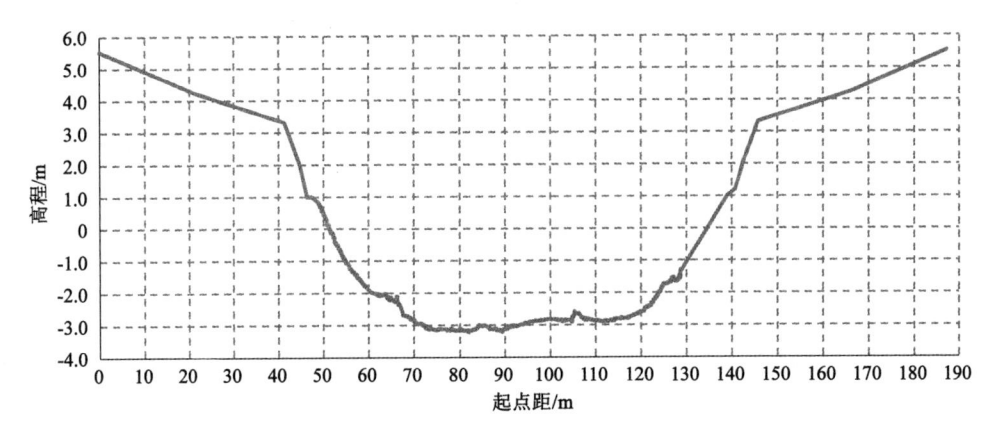

图 6-31 一帆河实测大断面图

(2) 湿周法

根据相关资料,一帆河常水位为 1.67 m,一帆河湿周-标准化流量关系曲线如图 6-32 所示。

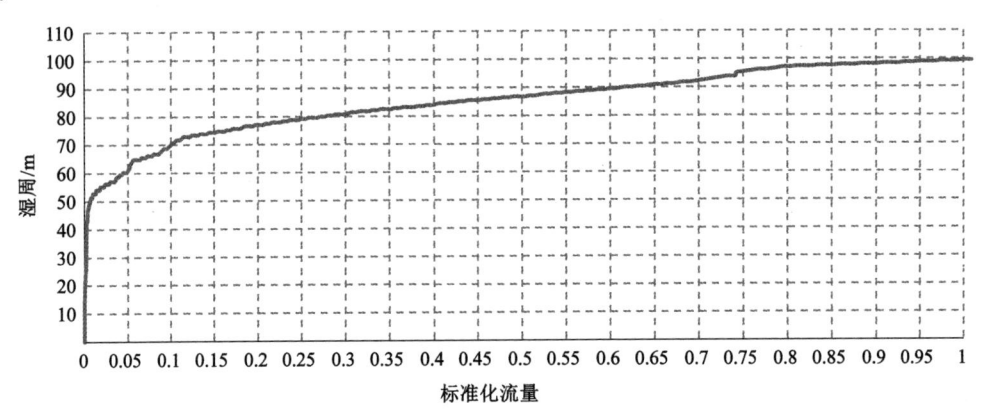

图 6-32 一帆河湿周-标准化流量关系曲线图

由图 6-32 可以看出,一帆河湿周-标准化流量关系曲线除河底部分外,拐点位于 0.3 处,相应湿周率为 81.6%,相应水位为 −0.52 m,还有一拐点位于标准化流量 0.74 处,相应水深为 1.0 m,相应湿周率为 94.43%。取 0.3 拐点处水位为生态水位,湿周率为 81.6%,相应水位为 −0.52 m。

(3) 最小生物空间法

一帆河的鱼类以草鱼、鲤鱼、鲢鱼、鲫鱼为主，鲢鱼为主要的上层鱼类，其生存水深取 1.50 m。一帆河河底高程为 −3.22 m，以此计算一帆河最低生态水位为 −1.72 m，相应湿周率为 69.42%，满足一般湿周率不小于 60% 的要求。

根据分析，湿周法与最小生物空间法可以满足河道湿周和最小生物空间需求，综合考虑，一帆河选取湿周率较大的湿周法计算结果 −0.52 m 作为最低生态水位。

十三、沂南小河

（1）河道断面形状

选取涟三庄附近的沂南小河桥处断面作为沂南小河生态水位代表断面，根据 2018 年 11 月的实测大断面资料，绘制断面如图 6-33 所示，河道断面形状近似为抛物线形。

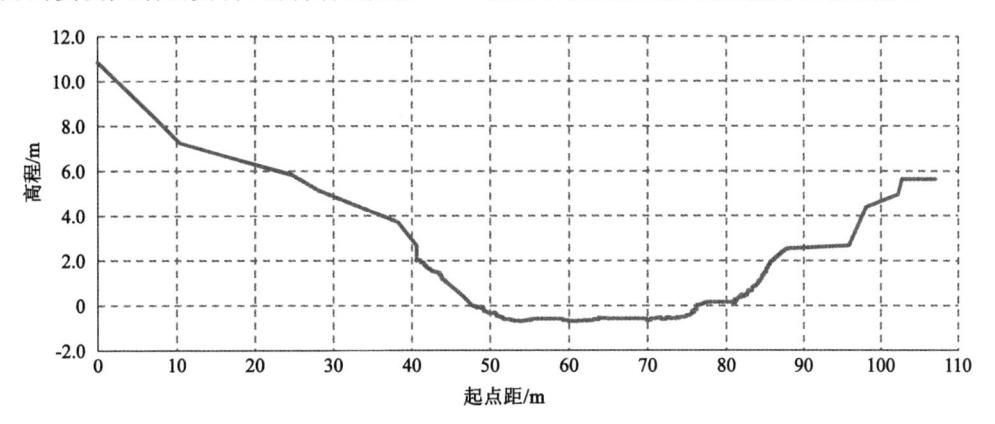

图 6-33 沂南小河实测大断面图

（2）湿周法

根据调查，沂南小河常水位为 2.44 m，沂南小河湿周-标准化流量关系曲线如图 6-34 所示。

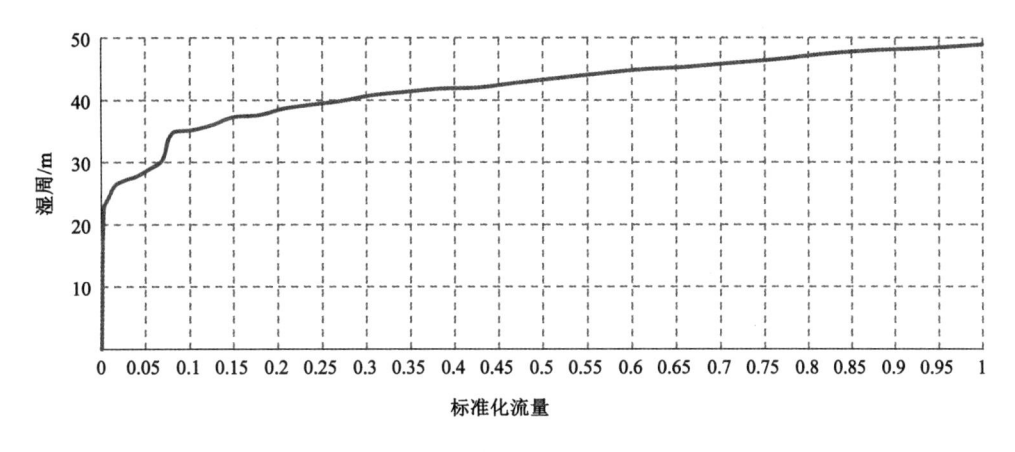

图 6-34 沂南小河湿周-标准化流量关系曲线图

由图 6-34 可以看出，沂南小河湿周-标准化流量关系曲线拐点位于 0.08 处，相应湿周率为 71.21%,相应水位为 0.20 m,满足一般湿周率不小于 60%的要求。

(3) 最小生物空间法

沂南小河的鱼类以草鱼、鲤鱼、鲢鱼、鲫鱼为主,鲢鱼为主要的上层鱼类,其生存水深取 1.50 m。沂南小河河底高程为-0.69 m,以此计算沂南小河最低生态水位为 0.81 m,相应湿周率为 80.4%,满足一般湿周率不小于 60%的要求。

(4) 排频法

沂南小河下游与盐河相连,测量断面距盐河约 4.3 km,以盐河灌南段龙沟闸水位资料 1980—2016 年年最低日平均水位排频作沂南小河年最低日均水位历时曲线图,见图 6-35。

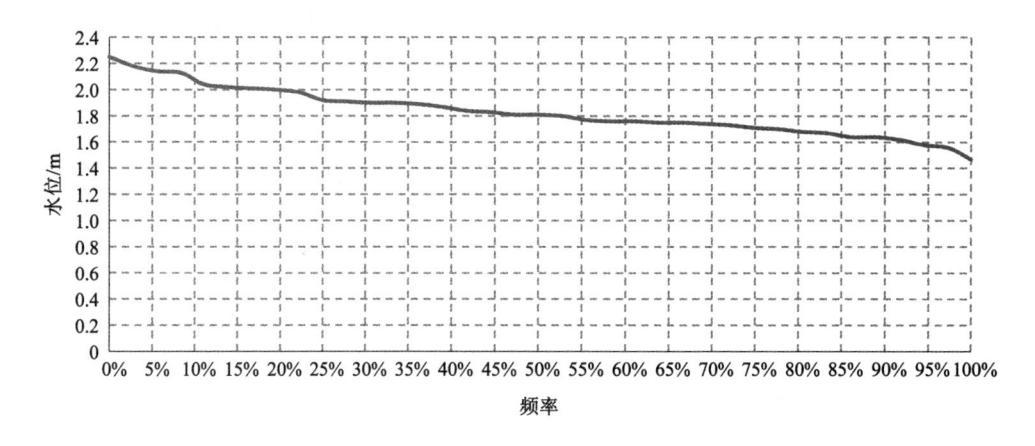

图 6-35 沂南小河年最低日平均水位历时曲线图

由图 6-35 可知,以龙沟闸上游 1980—2016 年年最低水位排频,频率取 95%,得沂南小河最低生态水位为 1.58 m,相应常水位湿周率为 90.2%,满足河道湿周及最小生物空间需求。

根据分析,湿周法计算结果 0.20 m 无法满足生物生存空间需求,最小生物空间法与排频法均可以满足河道湿周和生物生存空间需求,综合考虑,沂南小河选择最小生物空间法计算结果 0.81 m 作为最低生态水位。

十四、新沂河南偏泓

(1) 河道断面形状

选取张店镇新沂河南偏泓二里沟生产桥处断面作为新沂河南偏泓生态水位代表断面,根据 2018 年 11 月的实测大断面资料,绘制断面如图 6-36 所示,河道断面形状近似为抛物线形。

(2) 湿周法

根据调查,新沂河南偏泓常水位为 2.05 m,新沂河南偏泓湿周-标准化流量关系曲线如图 6-37 所示。

由图 6-37 可知,除河底部分外,新沂河南偏泓湿周-标准化流量关系曲线基本无拐点,选取 80%湿周率作为最低生态水位,相应水位为 0.13 m。

(3) 最小生物空间法

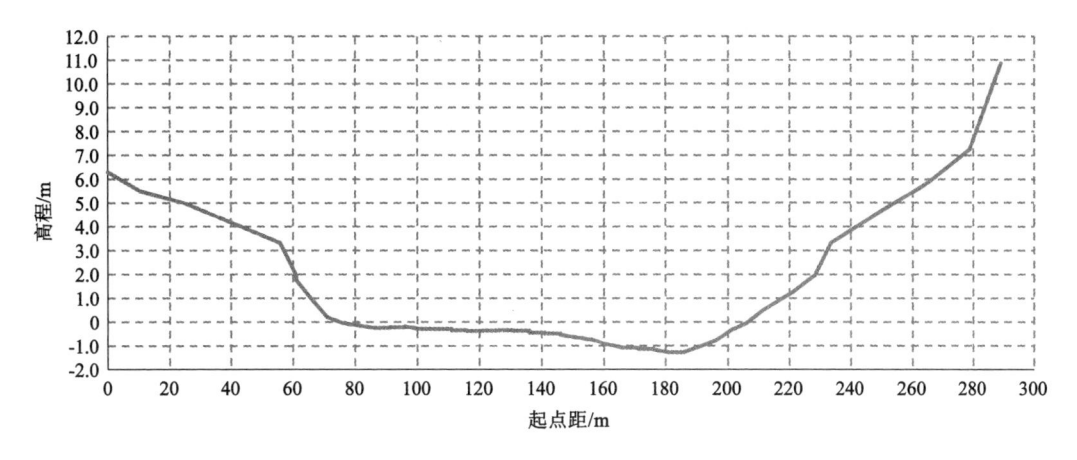

图 6-36 新沂河南偏泓实测大断面图

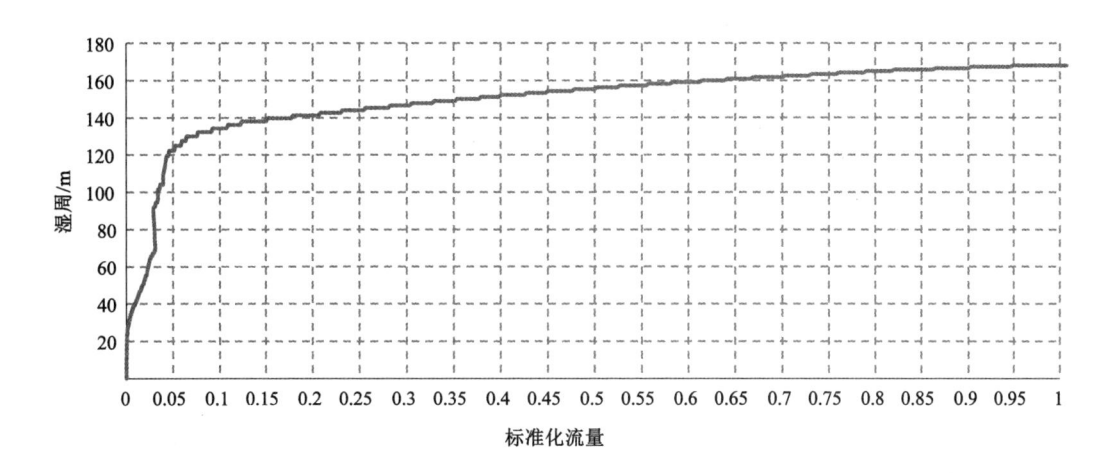

图 6-37 新沂河南偏泓湿周-标准化流量关系曲线图

新沂河南偏泓的鱼类以草鱼、鲤鱼、鲢鱼、鲫鱼为主，鲢鱼为主要的上层鱼类，其生存水深取 1.50 m。新沂河南偏泓河底高程为 −1.28 m，以此计算新沂河南偏泓最低生态水位为 0.22 m，相应湿周率为 82.14%，满足一般湿周率不小于 60% 的要求。

（4）排频法

新沂河南偏泓是江淮水进入连云港市的主要通道之一，水深条件较好，以盐河南闸水位站 1980—2018 年年最低日平均水位排频作新沂河南偏泓年最低日均水位历时曲线图，见图 6-38。

由图 6-38 可知，以盐河南闸水位站 1980—2018 年年最低水位排频，频率取 90%，得新沂河南偏泓最低生态水位为 1.21 m，相应常水位湿周率为 92.97%，满足河道湿周及最小生物空间需求。

根据分析，湿周法计算结果 0.13 m 无法满足生物生存空间需求，最小生物空间法与排频法均可以满足河道湿周和最小生物空间需求，综合考虑，新沂河南偏泓选择最小生物空间法计算结果 0.22 m 作为最低生态水位。

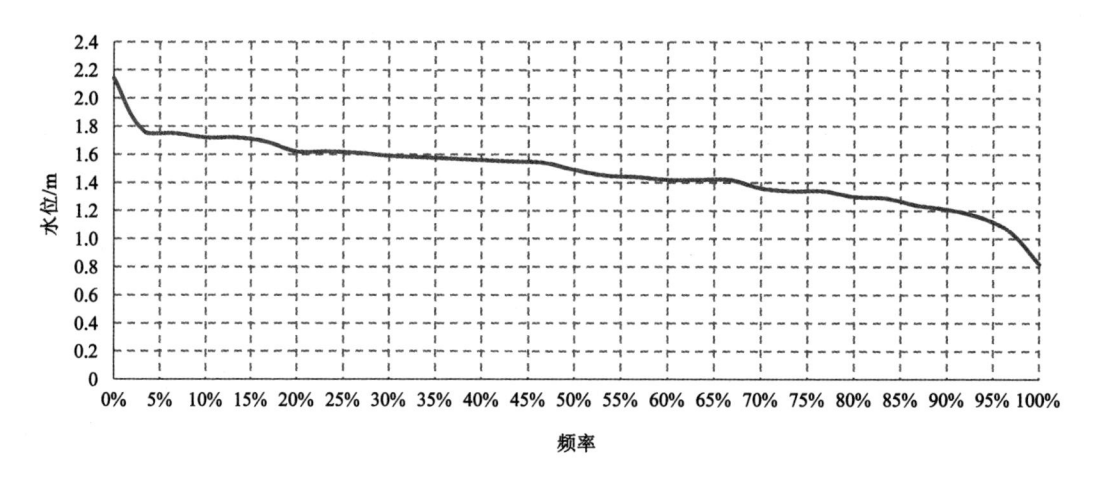

图 6-38 新沂河南偏泓年最低日平均水位历时曲线图

十五、鲁兰河

(1) 河道断面形状

2020 年连云港市水利局开展了鲁兰河治理工程,河道断面发生了改变。根据设计报告,鲁兰河新 204 国道下游 880 m 处断面图如图 6-39 所示。

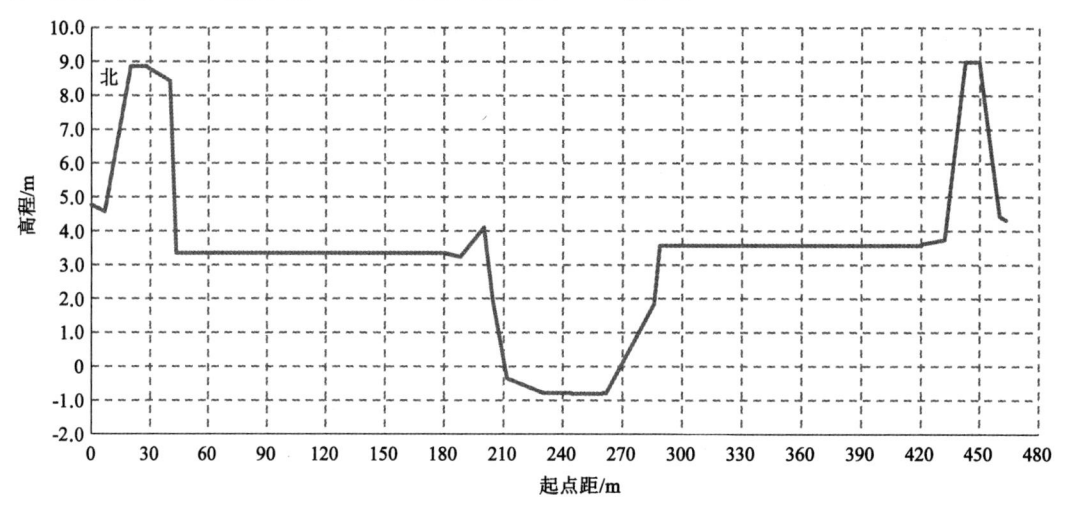

图 6-39 鲁兰河大断面图

(2) 湿周法

根据调查,鲁兰河常水位为 2.52 m,鲁兰河湿周-标准化流量关系曲线如图 6-40 所示。鲁兰河断面近似为梯形断面,除河底部分外,鲁兰河湿周-标准化流量关系曲线基本无拐点。鲁兰河下游与蔷薇河相通,枯水期与蔷薇河水位相差很小。蔷薇河生态水位为 0.75 m,0.75 m 对应的鲁兰河湿周率为 70.72%,满足一般湿周率不小于 60% 的要求,此法确定鲁兰河生态水位为 0.75 m。

(3) 最小生物空间法

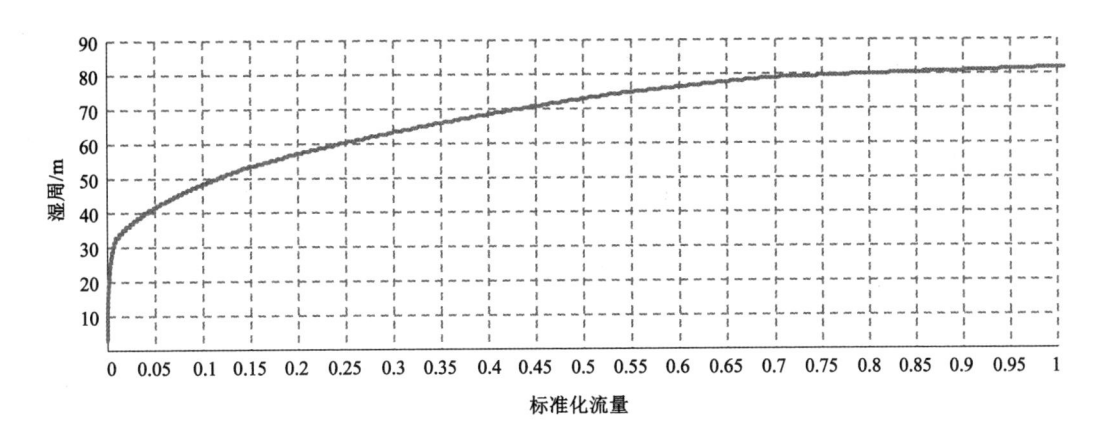

图 6-40　鲁兰河湿周-标准化流量关系曲线图

鲁兰河的鱼类以草鱼、鲤鱼、鲢鱼、鲫鱼为主,鲢鱼为主要的上层鱼类,其生存水深取 1.50 m。鲁兰河的植被类型以芦苇为主,湿地鸟类主要是迁徙水禽鸭类。鲁兰河河底高程为 -0.94 m,以此计算鲁兰河最低生态水位为 0.56 m,对应常水位湿周率为 66.94%,满足一般湿周率不小于 60% 的要求。

（4）排频法

鲁兰河下游与蔷薇河相通,测量断面距蔷薇河约 4.1 km,与蔷薇河水位相差很小,以蔷薇河临洪水文站 1983—2020 年年最低水位排频,见图 6-41。

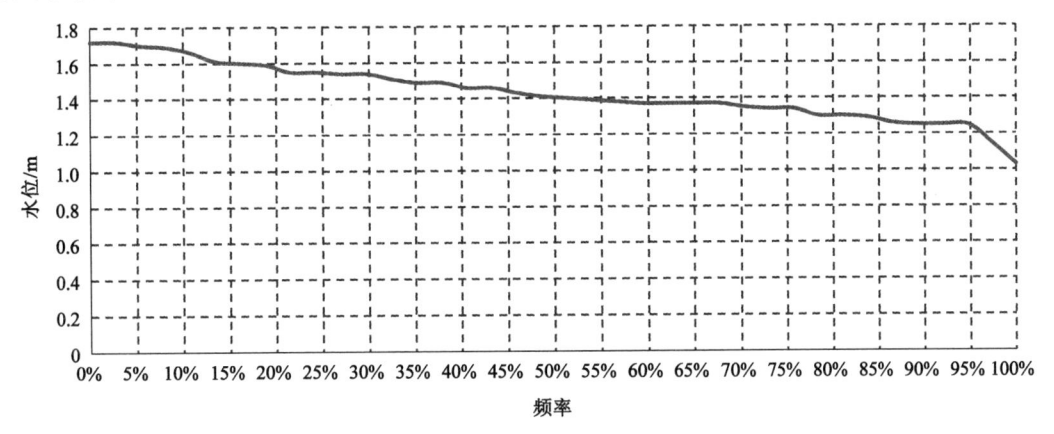

图 6-41　鲁兰河年最低日平均水位历时曲线图

由图 6-41 可知,以临洪水文站 1983—2020 年年最低日平均水位排频,频率取 95%,得鲁兰河最低生态水位为 1.22 m,相应常水位湿周率为 78.97%,满足河道湿周及最小生物空间需求。

根据分析,湿周法、最小生物空间法与排频法均可以满足河道湿周和生物生存空间需求,综合考虑,鲁兰河选择湿周法计算结果 0.75 m 作为最低生态水位。

十六、青口河

(1) 河道断面形状

选取范口附属站断面作为青口河生态水位代表断面,范口附属站位于淮河流域滨海诸小河水系青口河下游。根据实测大断面资料,绘制断面如图 6-42 所示。

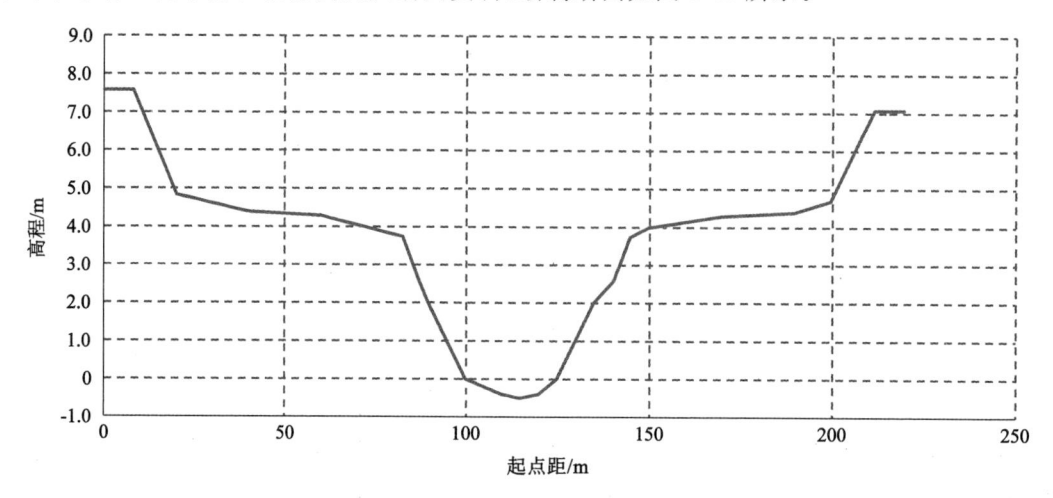

图 6-42 青口河实测大断面图

范口附属站所在青口河河道断面位于青口河末端,下距青口河控制闸 0.55 km。现状河槽底宽 25.0 m,底高程为 −0.50 m,边坡约为 1:4,左右滩地高程在 4.00~4.40 m 之间,其中左滩宽约 60 m,右滩宽约 63 m。现状左堤堤顶高 7.60 m,堤顶宽约 8 m,迎水坡为 1:4;现状右堤堤顶高 7.10 m,堤顶宽 8 m,迎水坡为 1:4。

(2) 湿周法

根据日平均综合历时曲线,50%频率下水位为 2.82 m,以此作为常水位,青口河湿周-标准化流量关系曲线如图 6-43 所示。

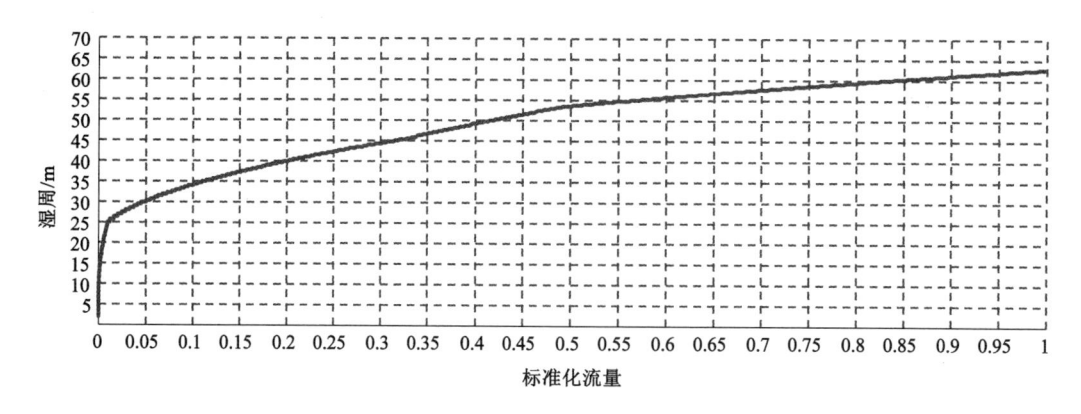

图 6-43 青口河湿周-标准化流量关系曲线图

青口河湿周-标准化流量关系曲线无明显拐点,以常水位湿周为基准,选取 60%湿周率计算最低生态水位,相应水位为 0.55 m。

第六章 生态水位计算

（3）最小生物空间法

青口河的鱼类以草鱼、鲤鱼、鲢鱼、鲫鱼为主，鲢鱼为主要的上层鱼类，其生存水深取 1.50 m。青口河断面河底高程为 -0.50 m，以此计算青口河最低生态水位为 0.50 m，相应湿周率为 58.9%，不能满足一般湿周率不小于 60% 的要求。

根据分析，湿周法可以满足河道湿周及最小生物空间需求，综合考虑，选择湿周法的计算结果 0.55 m 作为青口河生态水位较为适宜。

十七、乌龙河

（1）河道断面形状

乌龙河与蔷薇河交汇处建有节制闸，且规划在节制闸上游设置水位站，乌龙河生态水位控制断面选在乌龙河节制闸上游，在规划的水位站位置附近，便于生态水位的控制和考核。根据现场测量绘制的乌龙河下游河道控制断面见图 6-44。

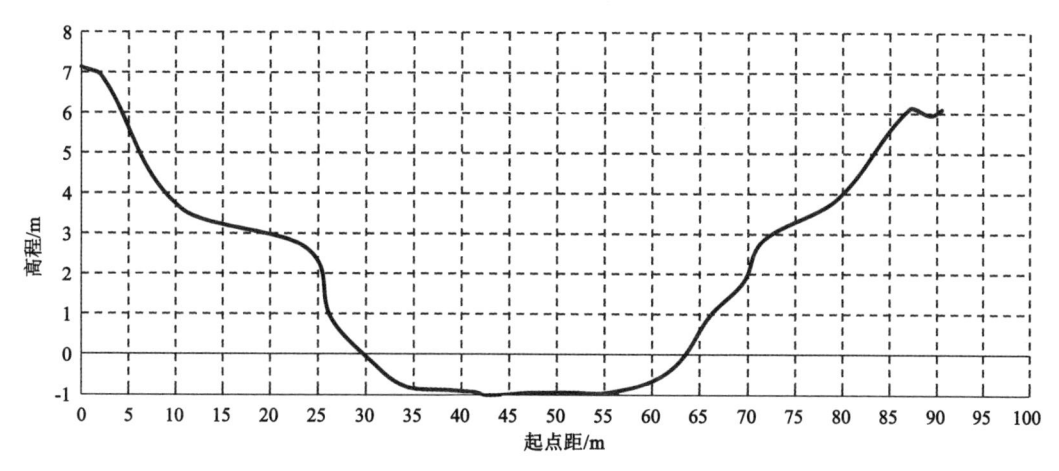

图 6-44 乌龙河下游河道控制断面图

（2）湿周法

乌龙河控制断面湿周-标准化流量关系曲线如图 6-45 所示。

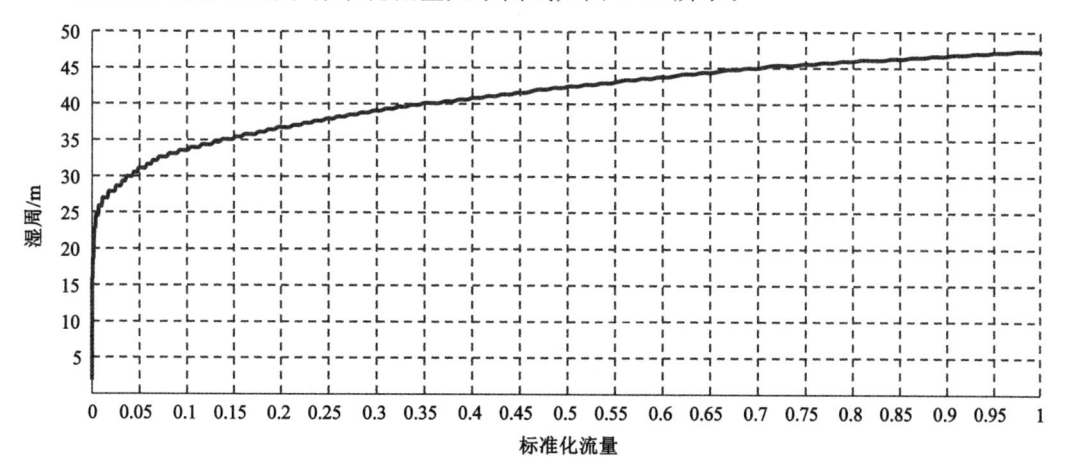

图 6-45 乌龙河控制断面湿周-标准化流量关系曲线图

乌龙河控制断面湿周-标准化流量关系曲线无明显拐点,以常水位湿周为基准,选取80%湿周率计算最低生态水位,相应水位为0.59 m。

(3) 最小生物空间法

乌龙河的鱼类以草鱼、鲤鱼、鲢鱼、鲫鱼为主,鲢鱼为主要的上层鱼类,其生存水深取1.50 m。乌龙河控制断面河底高程为−1.03 m,以此计算乌龙河最低生态水位为0.47 m,相应湿周率为78.2%,满足一般湿周率不小于60%的要求。

根据分析,湿周法能够满足湿周及生物生存空间需求,综合考虑,选择湿周法的计算结果0.59 m作为乌龙河控制断面生态水位。

十八、马河

(1) 河道断面形状

马河与蔷薇河交汇处建有节制闸,且规划在节制闸上游设置水位站,马河生态水位控制断面选在马河节制闸上游,在规划的水位站位置附近,便于生态水位的控制和考核。根据现场测量绘制的马河下游河道控制断面见图 6-46。

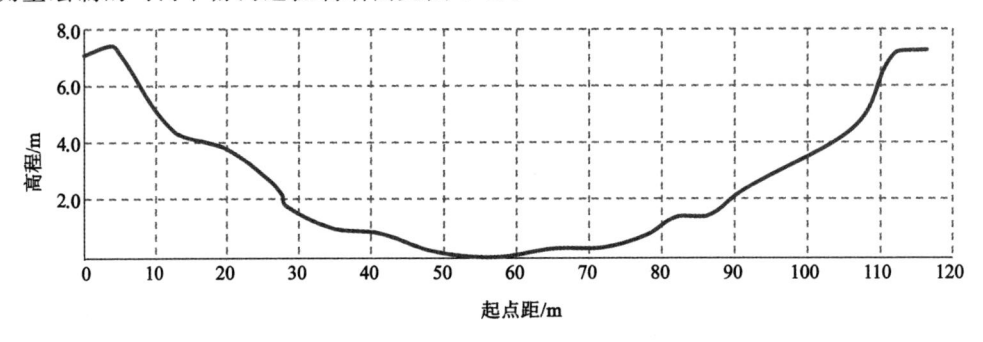

图 6-46 马河下游河道控制断面图

(2) 湿周法

马河控制断面湿周-标准化流量关系曲线如图 6-47 所示。

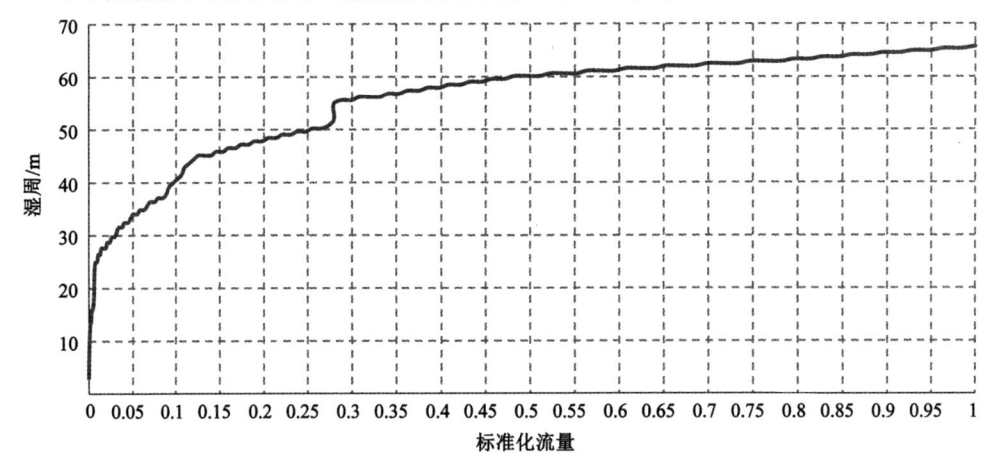

图 6-47 马河控制断面湿周-标准化流量关系曲线图

马河控制断面湿周-标准化流量关系曲线拐点出现在标准化流量 0.28 处,相应水位为 1.39 m,相应湿周率为 83.6%。

(3) 最小生物空间法

马河的鱼类以草鱼、鲤鱼、鲢鱼、鲫鱼为主,鲢鱼为主要的上层鱼类,其生存水深取 1.50 m。马河控制断面河底高程为 −0.06 m,以此计算马河最低生态水位为 0.94 m,相应湿周率为 67%,满足一般湿周率不小于 60% 的要求。

综合考虑,选择最小生物空间法的计算结果 0.94 m 作为马河控制断面生态水位。

十九、民主河

(1) 河道断面形状

民主河与蔷薇河交汇处建有节制闸,且规划在节制闸上游设置水位站,民主河生态水位控制断面选在民主河节制闸上游,在规划的水位站位置附近,便于生态水位的控制和考核。根据现场测量绘制的民主河下游河道控制断面见图 6-48。

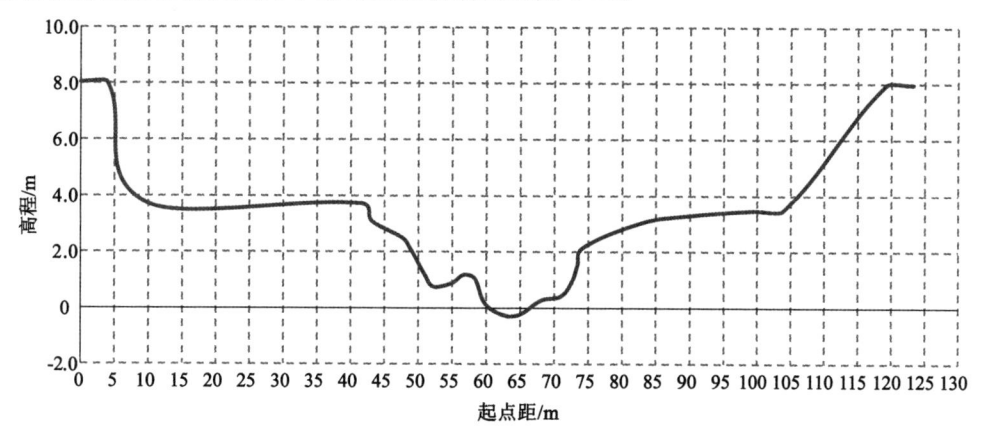

图 6-48 民主河下游河道控制断面图

(2) 湿周法

民主河控制断面湿周-标准化流量关系曲线如图 6-49 所示。

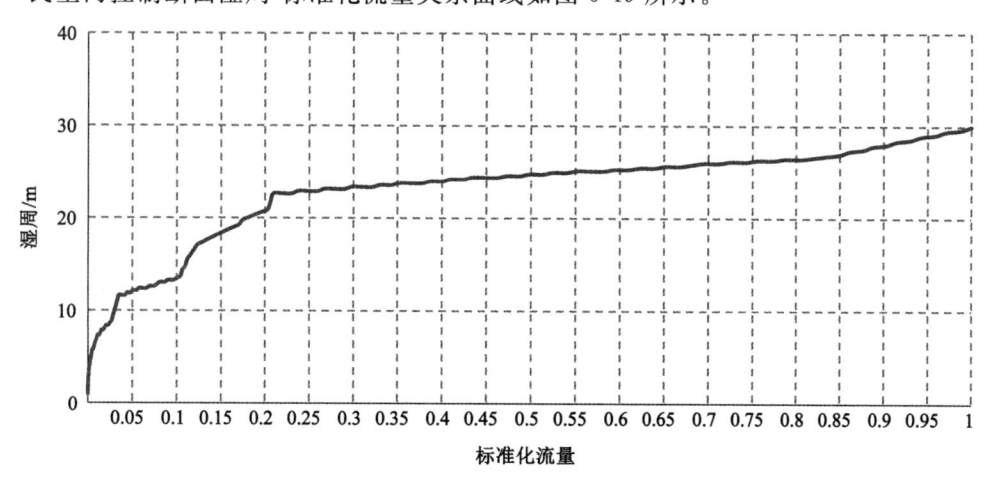

图 6-49 民主河控制断面湿周-标准化流量关系曲线图

民主河控制断面湿周-标准化流量关系曲线拐点主要出现在标准化流量 0.22 处,相应水位为 1.20 m,相应湿周率为 75.5%。

（3）最小生物空间法

民主河的鱼类以草鱼、鲤鱼、鲢鱼、鲫鱼为主,鲢鱼为主要的上层鱼类,其生存水深取 1.50 m。民主河控制断面河底高程为 −0.28 m,以此计算民主河最低生态水位为 0.95 m,相应湿周率为 60%,满足一般湿周率不小于 60% 的要求。

综合考虑,选择最小生物空间法的计算结果 0.95 m 作为民主河控制断面生态水位。

二十、前蔷薇河-卓王河

（1）河道断面形状

前蔷薇河-卓王河汇入古泊善后河,无节制闸控制,在交汇处下游约 7 km 处,为板浦水位站,前蔷薇河-卓王河生态水位控制断面选在前蔷薇河-卓王河与古泊善后河交汇处上游。根据现场测量绘制的前蔷薇河-卓王河下游河道控制断面见图 6-50。

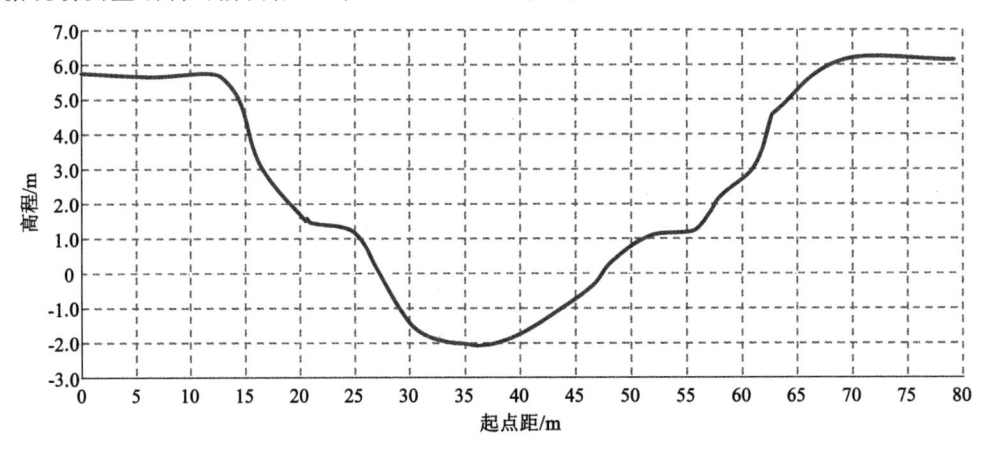

图 6-50　前蔷薇河-卓王河下游河道控制断面图

（2）湿周法

前蔷薇河-卓王河控制断面湿周-标准化流量关系曲线如图 6-51 所示。

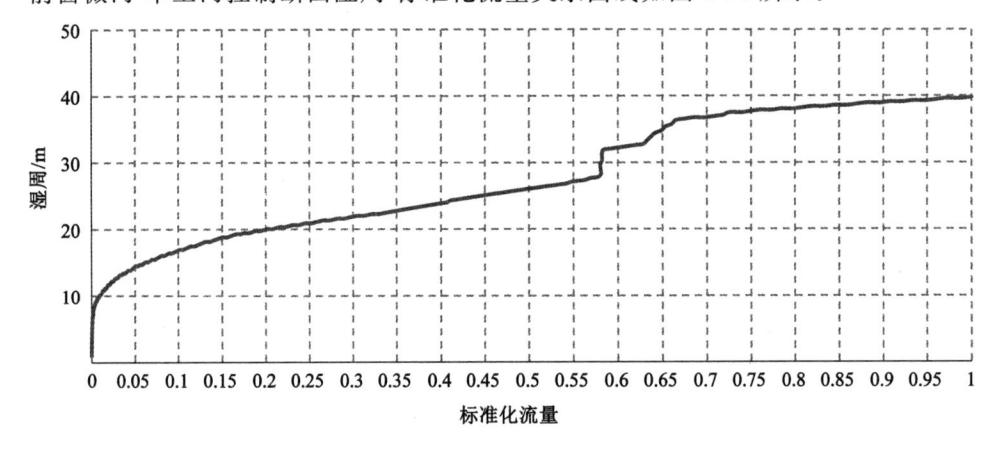

图 6-51　前蔷薇河-卓王河控制断面湿周-标准化流量关系曲线图

前蔷薇河-卓王河控制断面湿周-标准化流量关系曲线拐点出现在标准化流量 0.58 处,相应水位为 1.18 m,相应湿周率为 78.5%。

(3) 最小生物空间法

前蔷薇河-卓王河的鱼类以草鱼、鲤鱼、鲢鱼、鲫鱼为主,鲢鱼为主要的上层鱼类,其生存水深取 1.50 m。前蔷薇河-卓王河控制断面河底高程为 -2.08 m,以此计算蔷薇河最低生态水位为 -0.58 m,相应湿周率为 44.0%,不能满足一般湿周率不小于 60% 的要求。

(4) 排频法

以善后河板浦水位站 1980—2017 年年最低日平均水位排频,见图 6-52。

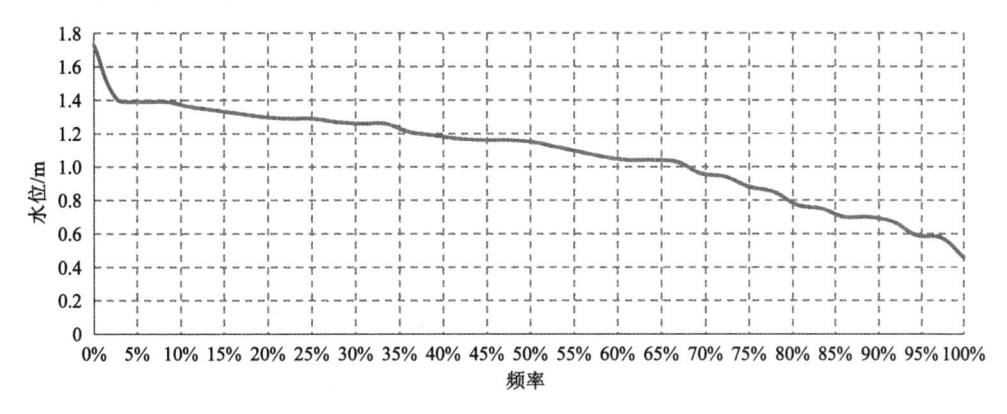

图 6-52 板浦水位站年最低日平均水位历时曲线图

由图 6-52 可知,以善后河板浦水位站 1980—2017 年年最低日平均水位排频,频率取 90%,得前蔷薇河-卓王河控制断面生态水位为 0.68 m,相应常水位湿周率为 62.4%。

综合考虑,选择排频法的计算结果 0.68 m 作为前蔷薇河-卓王河控制断面生态水位。

第二节　水库生态水位分析计算

一、小塔山水库

(1) 水库主要特征值

小塔山水库为江苏省第二大水库,位于赣榆区西北部低山丘陵区,青口河上游,流域面积为 386 km²,建于 1958 年,现总库容达 2.81 亿 m³,属大(2)型水库。主坝为均质土坝,坝长 2 303 m,坝顶高程为 38.0 m,最大坝高为 22.5 m,设计最大泄洪量为 400 m³/s,水库设计洪水标准为 100 年一遇,校核洪水标准为 2 000 年一遇,100 年一遇设计洪水位为 35.37 m,2 000 年一遇校核洪水位为 37.31 m。小塔山水库目前是赣榆区生活供水的唯一水源地,并承担小塔山水库灌区的农田灌溉任务。

小塔山水库主要特征值见表 6-1。

(2) 排频法

小塔山水库有 1980—2015 年 36 年的水位资料,根据 1980—2015 年年最低水位排频,作年最低日平均水位历时曲线图,见图 6-53。

表 6-1 小塔山水库主要特征值

指标名称		单位	特征值	备注
特征水位	设计洪水位	m	35.37	$P=1\%$
	校核洪水位	m	37.31	$P=0.05\%$
	正常蓄水位	m	32.80	
	汛期限制水位	m	32.80	初汛期（6月1日至6月30日）
			32.00	主汛期（7月1日至8月15日）
			32.80	后汛期（8月16日至9月30日）
	防洪高水位	m	33.92	
	死水位	m	26.00	
特征库容	总库容	亿 m³	2.81	校核洪水位 37.31 m
	调洪库容	亿 m³	1.65	
	兴利库容	亿 m³	1.16	正常蓄水位 32.80 m
	死库容	万 m³	1 979	死水位 26.00 m

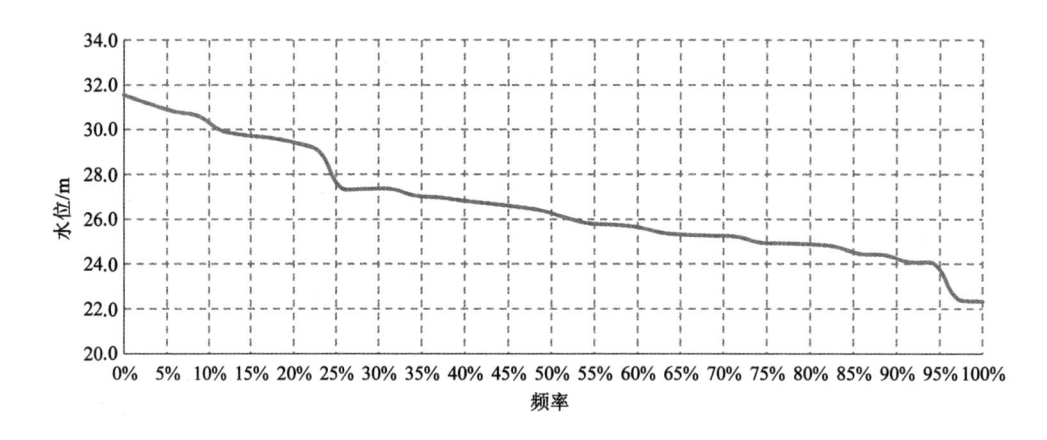

图 6-53 小塔山水库年最低日平均水位历时曲线图

由图 6-53 分析，以小塔山水库 1980—2015 年水位资料年最低日平均水位排频，频率取 90%，小塔山水库最低生态水位为 24.02 m。

(3) 湖泊形态分析法

湖泊形态分析法是根据实测湖泊水位（Z）和湖泊水面面积（F）资料，建立湖泊水位和湖泊水面面积变化率 dF/dZ 关系曲线。

小塔山水库水位-面积关系曲线如图 6-54 所示。

根据定义，湖泊枯水期低水附近的 dF/dZ 最大值为湖泊最低生态水位，通过图 6-54 曲线拟合小塔山水库水位与面积之间的关系。湖泊水位和湖泊水面面积变化率 dF/dZ 关系曲线有多个极值点，取枯水期低水附近的 dF/dZ 最大值作为小塔山水库生态水位。小塔山水库死水位为 26.0 m，通过曲线拟合，25.5 m 为死水位附近的一个极值点，综合考虑，取 25.5 m 作为小塔山水库的生态水位。

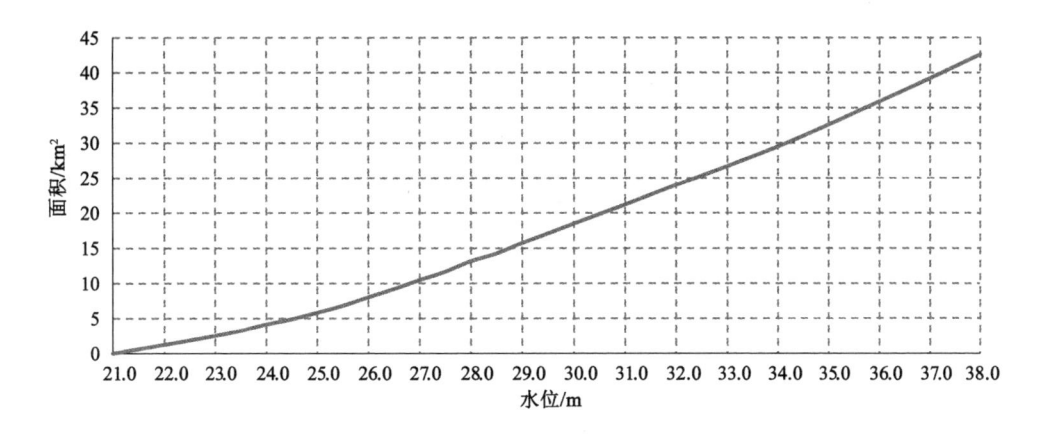

图 6-54 小塔山水库水位-面积关系曲线图

(4) 最小生物空间法

小塔山水库的鱼类以草鱼、鲤鱼、鲢鱼、鲫鱼为主,野生鱼类生存水深取 1.5 m。小塔山水库的植被类型以芦苇为主,湿地鸟类主要是迁徙水禽鸭类。小塔山水库湖底高程为 21.0 m,以此计算小塔山水库最低生态水位为 22.5 m。

小塔山水库有 1980—2015 年 36 年的水位资料,根据水位过程线分析,小塔山水库在 2007 年以后水位过程线发生了明显变化,2007 年以后水位均在死水位以上,原因是 2007 年小塔山水库做了除险加固工程,因此排频法的计算结果 24.02 m 不具代表性。考虑小塔山水库死水位为 26.0 m,最小生物空间法计算结果 22.5 m 水位过低,综合考虑,取湖泊形态分析法的计算结果 25.5 m 作为小塔山水库最低生态水位。

二、石梁河水库

(1) 水库主要特征值

石梁河水库为江苏省第一大水库,位于新沭河干流中游,东海县、赣榆区交界处,上游与山东省临沭县接壤,原设计集水面积 5 265 km²,分沂入沭增加集水面积 10 100 km²,实际集水面积达 15 365 km²。水库建于 1958 年,总库容为 5.26 亿 m³,属大(2)型水库。主坝为均质土坝,坝长 5 280 m,坝顶高程为 31.5 m,最大坝高为 22.0 m;除险加固后,石梁河水库防洪标准按 100 年一遇设计、2 000 年一遇校核,设计洪水位为 26.81 m,校核洪水位为 27.95 m。老溢洪闸经加固改造,设计 100 年一遇泄洪流量为 3 000 m³/s,校核流量为 5 000 m³/s;新建泄洪闸 10 孔,50 年一遇泄洪流量为 3 500 m³/s,100 年一遇泄洪流量为 4 000 m³/s,校核泄洪流量为 5 131 m³/s。

石梁河水库主要特征值见表 6-2。

(2) 近 10 年最枯月平均水位法

石梁河水库有 2006—2015 年 10 年水位资料,缺乏长系列水文资料时,可采用近 10 年最枯月(旬)水位作为基本生态环境需水量的最小值。根据 2006—2015 年石梁河水库水位资料,2006—2015 年石梁河水库最枯旬水位发生在 2015 年 10 月上旬,为 20.41 m,则石梁河水库最低生态水位为 20.41 m。

表 6-2 石梁河水库主要特征值

指标名称		单位	特征值	备注
特征水位	设计洪水位	m	26.81	$P=1\%$
	校核洪水位	m	27.95	$P=0.05\%$
	正常蓄水位	m	24.50	
	汛期限制水位	m	24.50	初汛期(6月1日至6月30日)
			23.50	主汛期(7月1日至8月15日)
			24.50	后汛期(8月16日至9月30日)
	死水位	m	18.50	
	旱限水位	m	22.00	
特征库容	总库容	亿 m³	5.26	校核洪水位 27.95 m
	调洪库容	亿 m³	3.18	
	兴利库容	亿 m³	2.34	正常蓄水位 24.50 m
	死库容	亿 m³	0.32	死水位 18.50 m

(3)湖泊形态分析法

石梁河水库水位-面积关系曲线如图 6-55 所示。

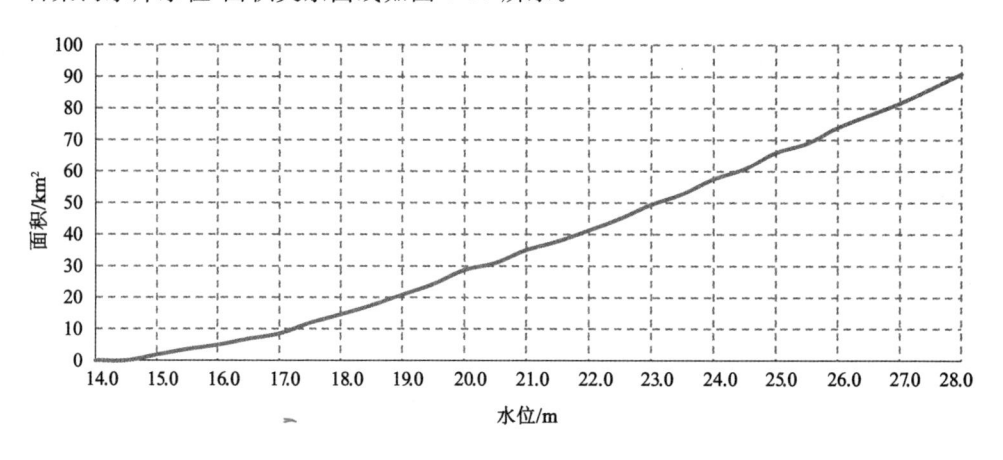

图 6-55 石梁河水库水位-面积关系曲线图

通过图 6-55 曲线拟合石梁河水库水位与面积的关系,取湖泊枯水期低水附近的 dF/dZ 最大值作为石梁河水库生态水位。石梁河水库死水位为 18.5 m,死水位附近的湖泊水位和湖泊水面面积变化率最大值取 19.5 m。

(4)最小生物空间法

石梁河水库的鱼类以草鱼、鲤鱼、鲢鱼、鲫鱼为主,野生鱼类生存水深取 1.5 m。石梁河水库的植被类型以芦苇为主,湿地鸟类主要是迁徙水禽鸭类。石梁河水库初建时库底高程为 10～14 m,经过多年的采砂作业,水库库底高程大部分已发生改变,根据 2018 年《石梁河水库采砂规划地质勘查报告》,石梁河水库库底高程普遍下降,平均库底高程已低于 13.0 m。以底高程 13.0 m 计算,根据最小生物空间法可得石梁河水库最低生态水位为 14.5 m。

在计算湖泊最低生态水位时,江苏省还采用了湖泊死水位法,石梁河水库死水位为 18.5 m。

石梁河水库库底高程以 13.0 m 计算,湖泊形态分析法计算结果为 19.5 m、近 10 年最枯月平均水位法计算结果为 20.41 m、最小生物空间法计算结果为 14.5 m、湖泊死水位法计算结果为 18.5 m,均能满足生物生存空间需求。根据江苏省水利厅文件《省水利厅关于发布我省第一批河湖生态水位(试行)的通知》(苏水资〔2019〕14 号),明确了石梁河水库生态水位为 18.8 m,高于死水位 0.3 m,可以满足生物生存空间需求。综上考虑,以 18.8 m 作为石梁河水库最低生态水位推荐值。

三、安峰山水库

(1) 水库主要特征值

安峰山水库位于江苏省东海县南部安峰镇和曲阳乡境内,蔷薇河支流厚镇河上游。水库于 1957 年 10 月开工,1958 年 6 月建成,原设计集水面积为 130 km²,1958 年开挖阿安引河后增加集水面积 30 km²,现状集水面积为 175.6 km²(其中有西双湖水库 22.3 km²)。水库总库容为 1.13 亿 m³,属大(2)型水库,其中兴利库容为 0.67 亿 m³,调洪库容为 0.71 亿 m³。100 年一遇设计洪水位为 18.00 m,2 000 年一遇校核洪水位为 18.67 m。为了跨库调节水源,开挖了两条引河,一条是阿安引河,沟通了阿湖水库;另一条是石安河,沟通了石梁河水库。水库上游承接了西双湖、张谷水库及陆湖引河来水,下游可向安房河、黑泥沟泄洪入黄泥河,再通过蔷薇河入海。

安峰山水库主要特征值见表 6-3。

表 6-3　安峰山水库主要特征值

指标名称		单位	特征值	备注
特征水位	设计洪水位	m	18.00	$P=1\%$
	校核洪水位	m	18.67	$P=0.05\%$
	正常蓄水位	m	17.20	
	汛期限制水位	m	16.50	初汛期(6月1日至6月30日)
			16.00	主汛期(7月1日至8月15日)
			16.50	后汛期(8月16日至9月30日)
	旱限水位	m	15.00	
	死水位	m	12.50	
特征库容	总库容	万 m³	11 300	校核洪水位 18.67 m
	调洪库容	万 m³	7 080	
	兴利库容	万 m³	6 707	正常蓄水位 17.20 m
	死库容	万 m³	333	死水位 12.50 m

(2) 近 10 年最枯月平均水位法

安峰山水库有 2009—2018 年 10 年的水位资料,缺乏长系列水文资料,可使用近 10 年最枯月平均水位法进行计算。根据 2009—2018 年安峰山水库水位资料,最枯旬水位发生在

2015 年 10 月下旬，水位最小值为 12.59 m，则安峰山水库最低生态水位为 12.59 m。

（3）湖泊形态分析法

安峰山水库水位-面积关系曲线如图 6-56 所示。

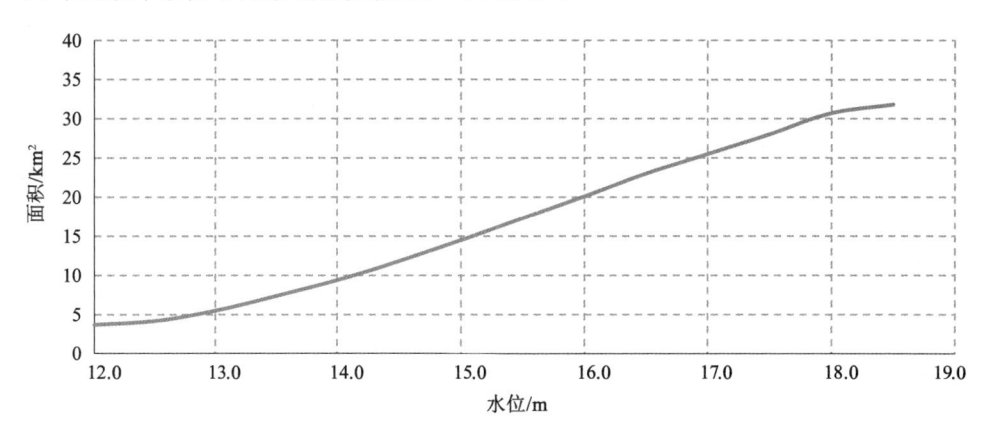

图 6-56 安峰山水库水位-面积关系曲线图

根据图 6-56 曲线拟合安峰山水库水位与面积的关系，取湖泊枯水期低水附近的 dF/dZ 最大值作为安峰山水库生态水位。安峰山水库死水位为 12.5 m，死水位附近的湖泊水位和湖泊水面面积变化率最大值取 15.0 m。

（4）最小生物空间法

安峰山水库的鱼类以草鱼、鲤鱼、鲢鱼、鲫鱼为主，野生鱼类生存水深取 1.5 m。安峰山水库的植被类型以芦苇为主，湿地鸟类主要是迁徙水禽鸭类。安峰山水库湖底高程为 12.0 m，以此计算安峰山水库最低生态水位为 13.5 m。

考虑安峰山水库湖底高程为 12.0 m，近 10 年最枯月平均水位法计算结果为 12.59 m、死水位为 12.5 m，无法满足最小生物空间需求，选择最小生物空间法 13.5 m 作为安峰山水库最低生态水位。

四、西双湖水库

（1）水库主要特征值

西双湖水库位于东海县城西郊，集水面积为 22.3 km²，总库容为 1 760 万 m³，其中兴利库容 1 355 万 m³，调洪库容为 625 万 m³，死库容为 20 万 m³。50 年一遇设计洪水位为 32.19 m，1 000 年一遇校核洪水位 32.75 m。

西双湖水库特征值见表 6-4。

（2）近 10 年最枯月平均水位法

西双湖水库有 2011—2020 年 10 年的水位资料，缺乏长系列水文资料，可使用近 10 年最枯月平均水位法计算生态水位。根据 2011—2020 年西双湖水库水位资料，最枯月水位发生在 2015 年 10 月，水位为 29.33 m，则西双湖水库生态水位为 29.33 m。

（3）湖泊形态分析法

西双湖水库水位-面积关系曲线如图 6-57 所示。

表 6-4　西双湖水库特征值

指标名称		单位	特征值	备注
特征水位	设计洪水位	m	32.19	$P=2\%$
	校核洪水位	m	32.75	$P=0.1\%$
	正常蓄水位	m	32.00	
	汛期限制水位	m	32.00	初汛期(6月1日至6月30日)
			31.50	主汛期(7月1日至8月15日)
			32.00	后汛期(8月16日至9月30日)
	旱限水位	m	30.50	
	死水位	m	25.00	
特征库容	总库容	万 m³	1 760	校核洪水位 32.75 m
	调洪库容	万 m³	625	
	兴利库容	万 m³	1 355	正常蓄水位 32.00 m
	死库容	万 m³	20	死水位 25.00 m

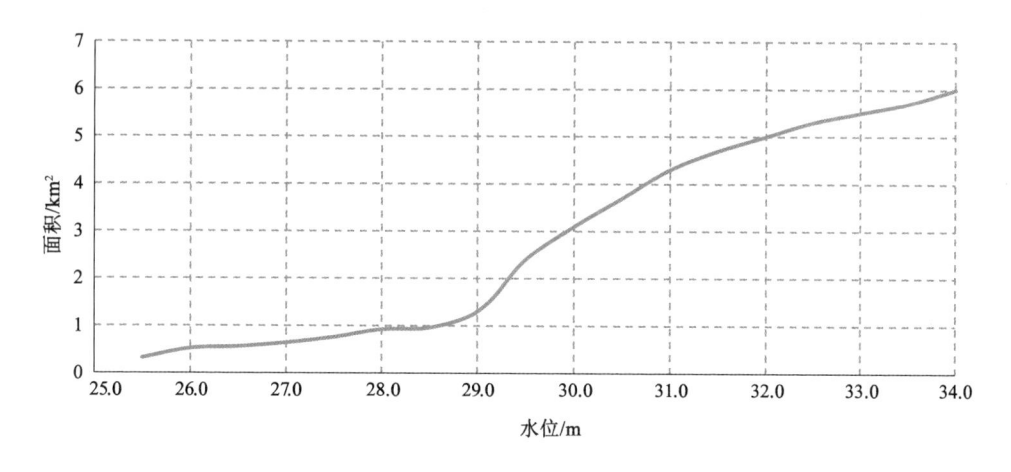

图 6-57　西双湖水库水位-面积关系曲线图

根据定义,湖泊枯水期低水附近的 dF/dZ 最大值为湖泊最低生态水位,通过图 6-57 曲线绘制湖泊水位和湖泊水面面积变化率 dF/dZ 关系曲线,如图 6-58。

湖泊水位和湖泊水面面积变化率 dF/dZ 关系曲线有多个极值点,取枯水期低水附近的 dF/dZ 最大值作为西双湖水库生态水位。西双湖水库死水位为 25.0 m,通过曲线拟合,25.5 m 为死水位附近的一个极值点,综合考虑,取 25.5 m 作为西双湖水库的生态水位。

(4) 最小生物空间法

西双湖水库的鱼类以草鱼、鲤鱼、鲢鱼、鲫鱼为主,野生鱼类生存水深取 1.5 m。西双湖水库的植被类型以芦苇为主,湿地鸟类主要是迁徙水禽鸭类。西双湖水库湖底高程为 24.4 m,以此计算西双湖水库最低生态水位为 25.9 m。

考虑西双湖水库湖底高程为 24.4 m,死水位为 25.0 m,湖泊形态分析法计算结果 25.5 m 无法满足最小生物空间需求,近 10 年最枯月平均水位计算结果为 29.33 m,综合考

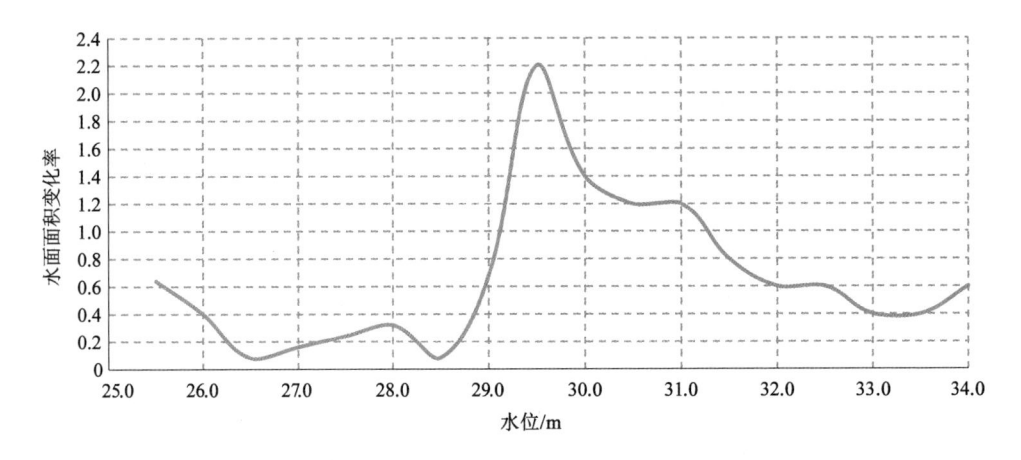

图 6-58 西双湖水库水位-水面面积变化率关系曲线图

虑,选择最小生物空间法计算结果 25.9 m 作为西双湖水库生态水位推荐值。西双湖水库正常蓄水位为 32.0 m,生态水位 25.9 m 对应的水面面积占正常蓄水位水面面积的 10.4%。

五、房山水库

(1) 水库主要特征值

房山水库位于白沙河上游,东海县房山镇境内,集水面积为 54.6 km²。房山水库始建于 1957 年 10 月,1958 年 6 月建成,除险加固工程于 2009 年 2 月开工,2011 年 11 月完工。水库工程规模为中型,工程等别为Ⅲ等,主要建筑物土坝、溢洪道及灌溉涵洞的级别为 3 级。50 年一遇设计洪水位为 10.61 m,1 000 年一遇校核洪水位为 11.51 m。

房山水库特征值见表 6-5。

表 6-5 房山水库特征值

指标名称		单位	特征值	备注
特征水位	设计洪水位	m	10.61	$P=2\%$
	校核洪水位	m	11.51	$P=0.1\%$
	防洪高水位	m	10.37	
	正常蓄水位	m	10.00	
	汛期限制水位	m	10.00	初汛期(6 月 1 日至 6 月 30 日)
			9.50	主汛期(7 月 1 日至 8 月 15 日)
			10.00	后汛期(8 月 16 日至 9 月 30 日)
	旱限水位	m	8.80	
	死水位	m	7.70	
特征库容	总库容	万 m³	2 561	校核洪水位 11.51 m
	调洪库容	万 m³	1 681	
	防洪库容	万 m³	683	
	兴利库容	万 m³	1 156	正常蓄水位 10.00 m
	死库容	万 m³	104	死水位 7.70 m

(2) 近10年最枯月平均水位法

房山水库有 2011—2020 年 10 年的水位资料,缺乏长系列水文资料,可使用近 10 年最枯月平均水位法计算生态水位。根据 2011—2020 年房山水库水位资料,最枯月水位发生在 2015 年 11 月,水位为 8.21 m,则房山水库生态水位为 8.21 m。

(3) 湖泊形态分析法

房山水库水位-面积关系曲线如图 6-59 所示。

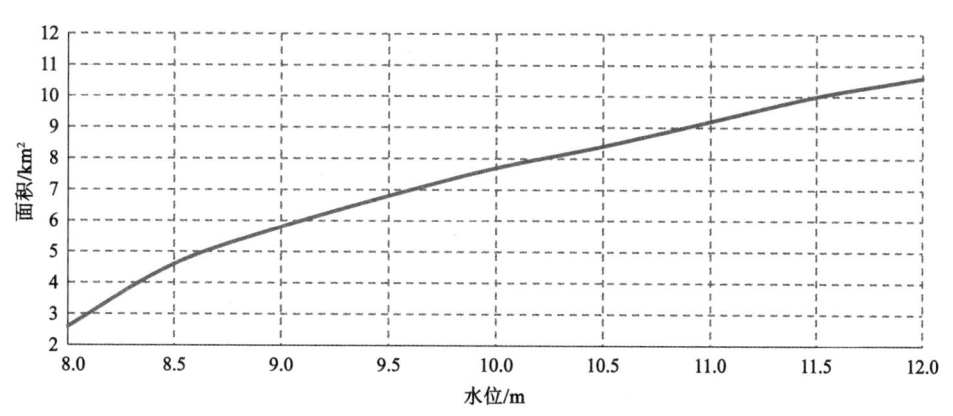

图 6-59　房山水库水位-面积关系曲线图

根据定义,湖泊枯水期低水附近的 dF/dZ 最大值为湖泊最低生态水位,通过图 6-59 曲线绘制湖泊水位和湖泊水面面积变化率 dF/dZ 关系曲线,如图 6-60。

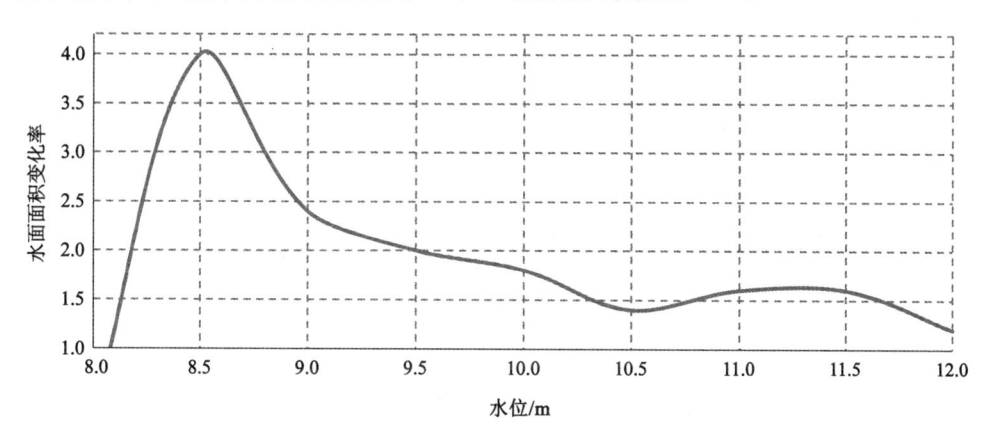

图 6-60　房山水库水位-水面面积变化率关系曲线图

湖泊水位和湖泊水面面积变化率 dF/dZ 关系曲线有多个极值点,取枯水期低水附近的 dF/dZ 最大值作为房山水库生态水位。房山水库死水位为 7.7 m,通过曲线拟合,8.5 m 为死水位附近的一个极值点,综合考虑,取 8.5 m 作为房山水库的生态水位。

(4) 最小生物空间法

房山水库的鱼类以草鱼、鲤鱼、鲢鱼、鲫鱼为主,野生鱼类生存水深取 1.5 m。房山水库的植被类型以芦苇为主,湿地鸟类主要是迁徙水禽鸭类。房山水库湖底高程为 6.8 m,以此计算房山水库最低生态水位为 8.3 m。

考虑房山水库湖底高程为 6.8 m,死水位为 7.7 m,近 10 年最枯月平均水位 8.21 m 无法满足最小生物空间需求,综合考虑,选择最小生物空间法计算结果 8.3 m 作为房山水库生态水位推荐值。房山水库正常蓄水位为 10.0 m,生态水位为 8.3 m 对应的水面面积占正常蓄水位对应的水面面积的 49.4%。

六、八条路水库

(1) 水库主要特征值

八条路水库位于江苏省连云港市赣榆区西北部低山丘陵区的谢湖河下游,集水面积为 32 km²,水库汇流区域主要为山丘区。八条路水库始建于 1957 年 2 月,1958 年 5 月建成,2009 年 2 月实施除险加固,2010 年 7 月完成。水库工程规模为中型,工程等别为Ⅲ等。水库主要水工建筑物有主坝 1 座、溢洪闸 1 座、灌溉涵洞 2 座,级别为 3 级。50 年一遇设计洪水位为 32.37 m,1 000 年一遇校核洪水位为 33.13 m。

八条路水库特征值见表 6-6。

表 6-6 八条路水库特征值

指标名称		单位	特征值	备注
特征水位	设计洪水位	m	32.37	$P=2\%$
	校核洪水位	m	33.13	$P=0.1\%$
	正常蓄水位	m	32.00	
	汛期限制水位	m	32.00	初汛期(6月1日至6月30日)
			31.50	主汛期(7月1日至8月15日)
			32.00	后汛期(8月16日至9月30日)
	死水位	m	23.50	
特征库容	总库容	万 m³	2 143	校核洪水位 33.13 m
	调洪库容	万 m³	948	
	兴利库容	万 m³	1 473	正常蓄水位 32.00 m
	死库容	万 m³	15	死水位 23.50 m

(2) 近 10 年最枯月平均水位法

八条路水库有 2011—2020 年 10 年的水位资料,缺乏长系列水文资料,可使用近 10 年最枯月平均水位法计算生态水位。根据 2011—2020 年八条路水库水位资料,最枯月水位发生在 2014 年 4 月,水位为 24.83 m,则八条路水库生态水位为 24.83 m。

(3) 湖泊形态分析法

八条路水库水位-面积关系曲线如图 6-61 所示。

根据定义,湖泊枯水期低水附近的 dF/dZ 最大值为湖泊最低生态水位,通过图 6-61 曲线绘制湖泊水位和湖泊水面面积变化率 dF/dZ 关系曲线,如图 6-62。

湖泊水位和湖泊水面面积变化率 dF/dZ 关系曲线有多个极值点,取枯水期低水附近的 dF/dZ 最大值作为八条路水库生态水位。八条路水库死水位为 23.5 m,通过曲线拟合,23.5 m 为死水位附近的一个极值点,综合考虑,取 23.5 m 作为八条路水库的生态水位。

(4) 最小生物空间法

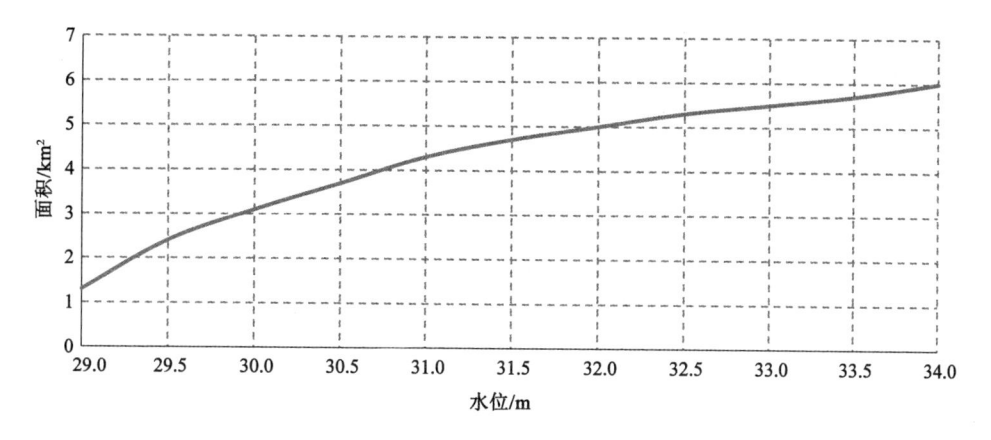

图 6-61　八条路水库水位-面积关系曲线图

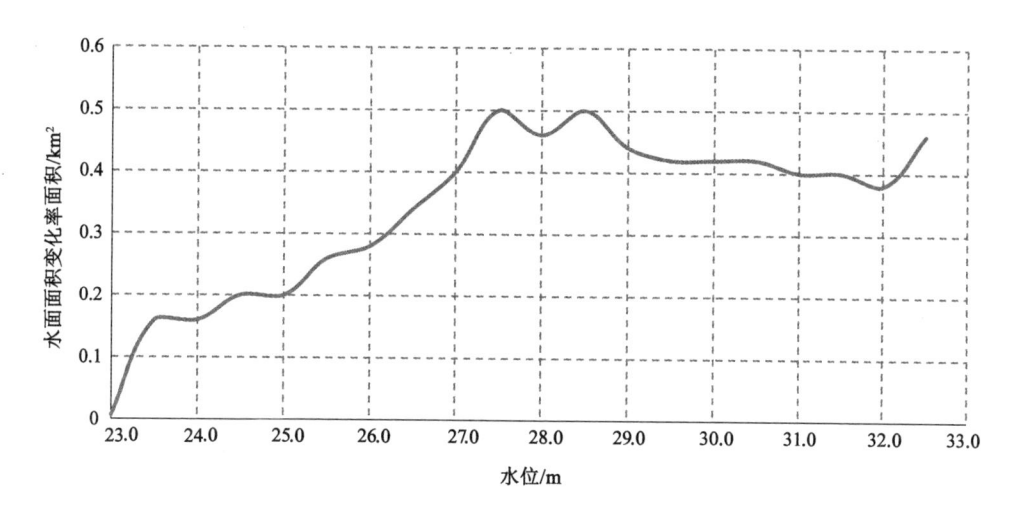

图 6-62　八条路水库水位-水面面积变化率关系曲线图

八条路水库的鱼类以草鱼、鲤鱼、鲢鱼、鲫鱼为主,野生鱼类生存水深取 1.5 m。八条路水库的植被类型以芦苇为主,湿地鸟类主要是迁徙水禽鸭类。八条路水库湖底高程为 23.0 m,以此计算八条路水库最低生态水位为 24.5 m。

考虑八条路水库湖底高程为 23.0 m,死水位为 23.5 m,近 10 年最枯月平均水位为 24.83 m,湖泊形态分析法为 23.5 m 无法满足最小生物空间需求,综合考虑选择最小生物空间法计算结果 24.5 m 作为八条路水库生态水位推荐值。八条路水库正常蓄水位为 32.0 m,生态水位 24.5 m 对应的水面面积占正常蓄水位对应的水面面积的 12.3%。

七、大石埠水库

(1) 水库主要特征值

大石埠水库位于东海县桃林镇境内,高流河支流桃林河下游,集水面积为 78.0 km²。大石埠水库始建于 1958 年 7 月,1961 年 5 月建成,除险加固工程于 2004 年 4 月开工,2005 年 5 月完工。水库工程等别为Ⅲ等,主、副坝及输水建筑物级别为 3 级,次要建筑物级别为

4级。50年一遇设计洪水位为52.00 m,1 000年一遇校核洪水位为52.75 m。

大石埠水库特征值见表6-7。

表6-7 大石埠水库特征值

指标名称		单位	特征值	备注
特征水位	设计洪水位	m	52.00	$P=2\%$
	校核洪水位	m	52.75	$P=0.1\%$
	正常蓄水位	m	50.00	
	汛期限制水位	m	50.00	初汛期(6月1日至6月30日)
			49.00	主汛期(7月1日至8月15日)
			50.00	后汛期(8月16日至9月30日)
	旱限水位	m	48.00	
	死水位	m	45.00	
特征库容	总库容	万 m³	2 217	校核洪水位52.75 m
	调洪库容	万 m³	1 879	
	兴利库容	万 m³	502	正常蓄水位50.00 m
	死库容	万 m³	18	死水位45.00 m

(2) 近10年最枯月平均水位法

大石埠水库有2011—2020年10年的水位资料,缺乏长系列水文资料,可使用近10年最枯月平均水位法计算生态水位。根据2011—2020年大石埠水库水位资料,最枯月水位发生在2012年8月,水位为48.28 m,则大石埠水库生态水位为48.28 m。

(3) 湖泊形态分析法

大石埠水库水位-面积关系曲线如图6-63所示。

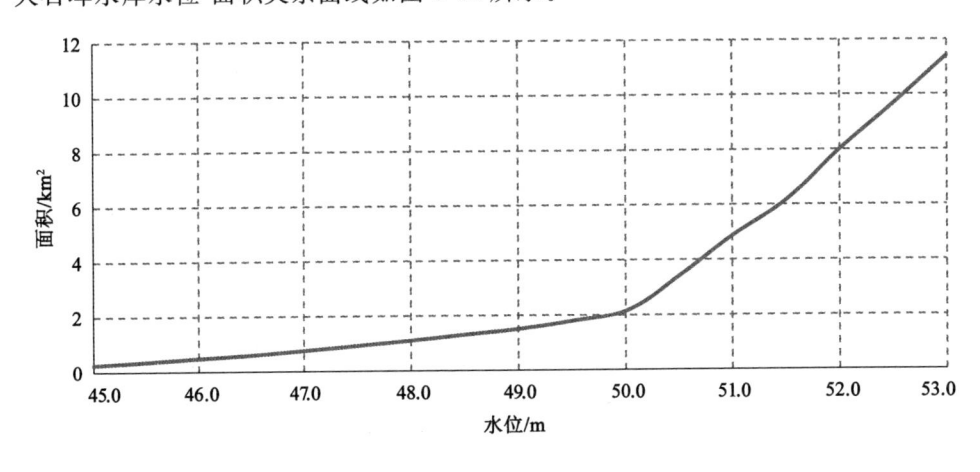

图6-63 大石埠水库水位-面积关系曲线图

根据定义,湖泊枯水期低水附近的 dF/dZ 最大值为湖泊最低生态水位,通过图6-63曲线绘制湖泊水位和湖泊水面面积变化率 dF/dZ 关系曲线,如图6-64。

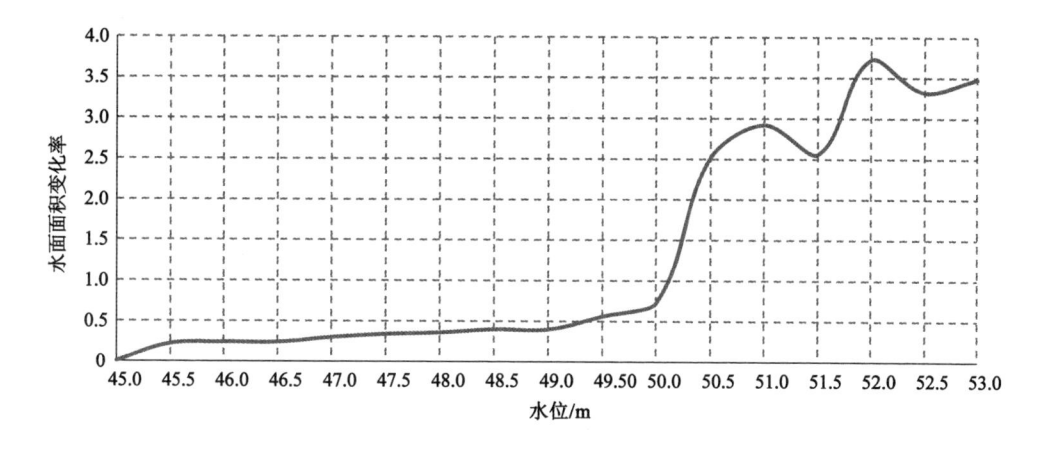

图 6-64 大石埠水库水位-水面面积变化率关系曲线图

湖泊水位和湖泊水面面积变化率 dF/dZ 关系曲线有多个极值点，取枯水期低水附近的 dF/dZ 最大值作为大石埠水库生态水位。大石埠水库死水位为 45.0 m，通过曲线拟合，45.5 m 为死水位附近的一个极值点，综合考虑，取 45.5 m 作为大石埠水库的生态水位。

（4）最小生物空间法

大石埠水库的鱼类以草鱼、鲤鱼、鲢鱼、鲫鱼为主，野生鱼类生存水深取 1.5 m。大石埠水库的植被类型以芦苇为主，湿地鸟类主要是迁徙水禽鸭类。大石埠水库湖底高程为 43.9 m，此计算大石埠水库最低生态水位为 45.4 m。

考虑大石埠水库湖底高程为 43.9 m，死水位为 45.0 m，近 10 年最枯月平均水位为 48.28 m，湖泊形态分析法计算结果 45.5 m 可以满足最小生物空间需求，综合考虑选择最小生物空间法计算结果 45.4 m 作为大石埠水库生态水位推荐值。大石埠水库正常蓄水位为 50.0 m，生态水位 45.4 m 对应的水面面积占正常蓄水位对应的水面面积的 15.8%。

第三节　生态水位推荐值

根据连云港实际情况，本章第一节、第二节给出了蔷薇河、云善河、烧香河、叮当河、车轴河、界圩河、东门河、柴米河、公兴河、南六塘河、盐河、一帆河、沂南小河、新沂河南偏泓、鲁兰河、青口河、乌龙河、马河、民主河、前蔷薇河-卓王河等 20 条河流以及小塔山水库、石梁河水库、安峰山水库、西双湖水库、房山水库、八条路水库、大石埠水库等 7 个大中型水库生态水位的计算结果，现将其汇总如下，见表 6-8、表 6-9。

表 6-8　连云港市重点河流生态水位成果汇总

序号	河流名称	测量断面	代表河段	底高程/m	计算方法	计算结果/m	推荐值/m
1	蔷薇河	临洪水文站	下游段	−2.60	湿周法	0.75	0.75
					最小生物空间法	−1.10	
					排频法	1.29	

表 6-8(续)

序号	河流名称	测量断面	代表河段	底高程/m	计算方法	计算结果/m	推荐值/m
2	云善河	新鑫大桥	疏港航道段	−2.53	湿周法	0.50	0.50
					最小生物空间法	−1.03	
					排频法	0.68	
3	烧香河	中云台国际物流园铁路专用线桥	疏港航道段	−2.05	湿周法	0.16	0.16
					最小生物空间法	−0.55	
					排频法	0.59	
4	叮当河	叮当河许相庄桥	全河道	−0.80	湿周法	0.85	0.85
					最小生物空间法	0.70	
5	车轴河	242国道四队大桥	节制线以下	−2.00	湿周法	0.56	0.56
					最小生物空间法	−0.50	
6	界圩河	界圩河四图线桥	节制线以下	−2.09	湿周法	0.03	0.03
					最小生物空间法	−0.59	
7	东门河	204国道桥	节制线以上	−3.35	湿周法	−0.47	−0.47
					最小生物空间法	−1.85	
					排频法	0.90	
8	柴米河	233国道柴米河大桥	下游段	−2.77	湿周法	−1.00	−1.00
					最小生物空间法	−1.27	
					排频法	1.58	
9	公兴河	233国道公兴河大桥	下游段	−1.21	湿周法	0.75	0.75
					最小生物空间法	0.29	
					排频法	1.58	
10	南六塘河	灌南县人民西路南六塘河大桥	下游段	−2.66	湿周法	−0.80	−0.80
					最小生物空间法	−1.16	
					排频法	1.58	
11	盐河	盐河张店大桥	灌南段	−2.24	湿周法	1.04	1.04
					最小生物空间法	−0.74	
					排频法	1.58	
12	一帆河	省道326一帆河桥	中游段	−3.22	湿周法	−0.52	−0.52
					最小生物空间法	−1.72	
13	沂南小河	涟三庄附近的沂南小河桥	下游段	−0.69	湿周法	0.20	0.81
					最小生物空间法	0.81	
					排频法	1.58	
14	新沂河南偏泓	张店镇新沂河南偏泓二里沟生产桥	中游段	−1.28	湿周法	0.13	0.22
					最小生物空间法	0.22	
					排频法	1.21	

表 6-8(续)

序号	河流名称	测量断面	代表河段	底高程/m	计算方法	计算结果/m	推荐值/m
15	鲁兰河	鲁兰河新204国道下游880 m	下游段	−0.94	湿周法	0.75	0.75
					最小生物空间法	0.56	
					排频法	1.22	
16	青口河	范口附属水位站	下游段	−0.50	湿周法	0.55	0.55
					最小生物空间法	0.50	
17	乌龙河	乌龙河节制闸上游	下游段	−1.03	湿周法	0.59	0.59
					最小生物空间法	0.47	
18	马河	马河节制闸上游	下游段	−0.06	湿周法	1.39	0.94
					最小生物空间法	0.94	
19	民主河	民主河节制闸上游	下游段	−0.28	湿周法	1.20	0.95
					最小生物空间法	0.95	
20	前蔷薇河-卓王河	前蔷薇河-卓王河与古泊善后河交汇处上游	下游段	−2.08	湿周法	1.18	0.68
					最小生物空间法	−0.58	
					排频法	0.68	

表 6-9 连云港市大中型水库生态水位成果汇总

序号	水库名称	底高程/m	计算方法	计算结果/m	推荐值/m
1	小塔山水库	21.00	湖泊死水位法	26.00	25.50
			排频法	24.02	
			湖泊形态分析法	25.50	
			最小生物空间法	22.50	
2	石梁河水库	13.00	湖泊死水位法	18.50	18.80
			近10年最枯月平均水位法	20.41	
			湖泊形态分析法	19.50	
			最小生物空间法	14.50	
3	安峰山水库	12.00	湖泊死水位法	12.50	13.50
			近10年最枯月平均水位法	12.59	
			湖泊形态分析法	15.00	
			最小生物空间法	13.50	
4	西双湖水库	24.40	湖泊死水位法	25.00	25.90
			近10年最枯月平均水位法	29.33	
			湖泊形态分析法	25.50	
			最小生物空间法	25.90	

表 6-9(续)

序号	水库名称	底高程/m	计算方法	计算结果/m	推荐值/m
5	房山水库	6.80	湖泊死水位法	7.70	8.30
			近10年最枯月平均水位法	8.21	
			湖泊形态分析法	8.50	
			最小生物空间法	8.30	
6	八条路水库	23.00	湖泊死水位法	23.50	24.50
			近10年最枯月平均水位法	24.83	
			湖泊形态分析法	23.50	
			最小生物空间法	24.50	
7	大石埠水库	43.90	湖泊死水位法	45.00	45.40
			近10年最枯月平均水位法	48.28	
			湖泊形态分析法	45.50	
			最小生物空间法	45.40	

第四节 生态水位可达性分析

为有效保障河湖生态基流与水位,需通过水利工程优化调度、水量水质安全监测等一系列工程措施,合理调配水资源,保障河湖生态用水基本需求。为落实生态需水保障要求,切实维护河湖生态用水需求,应当树立水生态保护与水环境治理新理念,将重点河湖生态保护目标所需的生态基流与水位纳入流域、区域水资源配置总体考虑,加强连云港市生态需水保障。

根据连云港市抗旱应急预案,通过将蔷薇河、云善河、烧香河、叮当河、车轴河、界圩河、东门河、柴米河、公兴河、南六塘河、盐河、一帆河、沂南小河、新沂河南偏泓、鲁兰河、青口河、乌龙河、马河、民主河、前蔷薇河-卓王河等20条河流以及小塔山水库、石梁河水库、安峰山水库、西双湖水库、房山水库、八条路水库、大石埠水库等7个大中型水库生态水位作为基本保障条件纳入连云港市水量分配方案,并实施相应生态水位保障方案,加强监测、预警,根据预警响应机制,及时开展用水管控和水量调度,可有效保障河道代表站点的生态水位目标。

第七章　生态需水保障措施

第一节　生态水位保障目标

一、生态水位保障原则

生态需水保障主要包括河道内生态需水量配置、生态基流和敏感生态需水以及湖泊湿地生态水位保障等。应在流域水资源综合规划和区域水资源总体配置方案基础上,结合流域或区域水资源开发利用总量控制要求,提出规划流域主要控制断面的河道内生态需水量配置方案。生态基流和敏感生态需水以及湖泊湿地生态水位保障措施应包括限制取水措施、闸坝生态调度方案、河湖水系连通及生态补水方案、设置生态泄流和流量监控设施等。

保障原则为:
（1）生态优先,绿色发展;
（2）统筹协调,系统保护;
（3）因地制宜,分类施策;
（4）强化监督,从严管控。

二、控制断面生态水位保障目标

根据连云港市水资源综合规划,结合流域水资源及其开发利用现状、生态保护对象用水需求和水量调度管理要求等情况,确定河道控制断面生态水位保障考核指标。

生态水位目标指标体系包括最低生态水位、评价期和日均满足程度指标。控制断面生态水位目标值见表7-1。评价期为全年日数,生态水位日均满足程度标准为90%。

表7-1　生态水位控制目标值

序号	河流(水库)名称	测量断面	代表河段	生态水位目标值/m
1	蔷薇河	临洪水文站	下游段	0.75
2	云善河	新鑫大桥	疏港航道段	0.50
3	烧香河	中云台国际物流园铁路专用线桥	疏港航道段	0.16
4	叮当河	叮当河许相庄桥	全河道	0.85
5	车轴河	242国道四队大桥	节制线以下	0.56
6	界圩河	界圩河四图线桥	节制线以下	0.03

表 7-1(续)

序号	河流(水库)名称	测量断面	代表河段	生态水位目标值/m
7	东门河	204 国道桥	节制线以上	−0.47
8	柴米河	233 国道柴米河大桥	下游段	−1.00
9	公兴河	233 国道公兴河大桥	下游段	0.75
10	南六塘河	灌南县人民西路南六塘河大桥	下游段	−0.80
11	盐河	盐河张店大桥	灌南段	1.04
12	一帆河	省道 326 一帆河桥	中游段	−0.52
13	沂南小河	涟三庄附近的沂南小河桥	下游段	0.81
14	新沂河南偏泓	张店镇新沂河南偏泓二里沟生产桥	中游段	0.22
15	鲁兰河	鲁兰河新 204 国道下游 880 m	下游段	0.75
16	青口河	范口附属水位站	下游段	0.55
17	乌龙河	乌龙河节制闸上游	下游段	0.59
18	马河	马河节制闸上游	下游段	0.94
19	民主河	民主河节制闸上游	下游段	0.95
20	前蔷薇河-卓王河	前蔷薇河-卓王河与古泊善后河交汇处上游	下游段	0.68
21	小塔山水库			25.50
22	石梁河水库			18.80
23	安峰山水库			13.50
24	西双湖水库			25.90
25	房山水库			8.30
26	八条路水库			24.50
27	大石埠水库			45.40

第二节 生态水位管控措施

一、工程调度方案

(1) 水利工程优化调度

配合江苏省的水利工程调度,保证连云港市重点河湖生态需水。江苏省江水北调和淮水北调工程,组成了江淮水互济系统,实现了长江、淮河、沂沭泗三大水系跨流域调水,可以保障连云港市石梁河水库、新沂河、新沭河等河湖的生态基流与水位;江水东引工程,可保障通榆河等河湖的生态需水。

(2) 闸坝生态流量调度

强化流域水资源统一调度和管理,增加主要河流枯水期径流量,保障重点保护河段、湖泊、湿地及河口生态用水并改善水环境。完善水库、拦河闸坝的水量调度管理方案,将生态流量保障纳入水量调度方案与调度计划。

第七章 生态需水保障措施

（3）应急调度方案

当遇特枯水年、连续枯水年时，统筹流域内外生活、生产、生态用水，在优先保障城乡居民基本生活用水的前提下，切实保障生态水位达标。

各有关单位按照规定的权限和职责，开展辖区内生态应急调度；水利工程运行管理单位服从生态应急调度的统一管理；各类河道外取用水户按要求压减取用水量，确保生态水位达标。

当发生来水偏枯及区域干旱等应急事件时，统筹考虑生活、生产、生态用水，启动有关应急调度预案；防汛调度期按有关水量调度规定执行。

二、工程措施

为有效保障河湖生态需水，除了水利工程优化调度外，还应通过水量水质安全监测等一系列工程措施，合理调配水资源，保障河湖生态用水基本需求。

（1）城市河湖管理

利用城市泵站和闸站调水，在对补水口进行科学布局的基础上，通过合理调度，构建城区内部河道的水循环工程，实现城市水体的有效流动，维持城市河道生态需水。

（2）水生态修复工程

构建生态河道，在保证河道安全的前提下，通过建设生态河床和生态护岸等工程技术手段，进行水生态修复。通过河道生态修复和保护的工程性措施，大力推进河道水系连通工程建设，增加水域新空间。在实际工程应用中，按照水体污染程度、水环境现状及水体功能等考虑选用不同的技术组合，实现水生态修复。

（3）水生态监测

结合现有水文测站，在重要河道、重点湖泊布设生态监控断面，提高水生态监测能力，满足生态需水、生态敏感区水量监控需求，掌握重要河湖水域的水量、水质和水生态状况。

三、河道外用水管控要求

正常来水情况下，按照连云港市水量分配方案、年度水量调度计划等确定的分配用水指标进行管控，加强河道控制断面、取水口等实时监测，按照区域用水总量控制指标管控河道外用水。

当遇特枯水年、连续枯水年时，根据流域上游来水、外调水情况，考虑河道控制断面生态水位目标值，采取临时限制河道外用水的应急措施。按首先满足城乡居民生活用水并兼顾农业、生态环境用水的原则，可先限制农业用水，其次限制河道外生态环境用水，同一供水次序级别用水户按同等比例缩减取水量，保障水位达标。

第三节 非工程措施

为落实生态需水保障要求，切实维护河湖生态用水需求，应当树立水生态保护与水环境治理新理念，将重点河湖生态保护目标所需的生态基流与水位纳入流域、区域水资源配置总体考虑，加强连云港市生态需水保障非工程措施。

（1）水资源优化配置

充分考虑流域和区域水资源承载能力,统筹防洪、供水、生态、航运、发电等功能,合理配置生活、生产、生态用水。实施水资源消耗总量和强度双控,合理确定水土资源开发规模,优化调整产业结构,强化高效节水灌溉,开展污水处理回用和再生水利用等,防止水资源过度开发利用,逐步退还被挤占的生态环境用水。强化水资源使用权用途管制制度,严控无序调水和人造水景工程,保障公益性河湖生态用水需求。

(2) 生态流量与水位监测预警

结合水文站点、闸坝工程布局,在重要控制断面建设生态流量在线监测设施,监测数据纳入水资源监控系统,强化生态流量(水位)的常态化监测和管控。建立健全河湖生态需水确定的程序,统一技术标准。建立生态流量(水位)监测预警与管控机制。

(3) 建立健全水生态补偿制度

为保障河湖生态基流与水位,探索建立生态基流与水位补偿机制,为提供河道基流生态用水的单位提供相应补偿。

(4) 生态需水保障责任考核体系

因地制宜、合理核定主要河湖、重要湿地及河口生态需水目标,明确闸坝下泄水量和泄流时段要求。建立生态需水目标责任制,发布主要河湖及重要水生生境生态需水保障名录,明确主要控制断面生态需水保障要求,落实责任主体和监管部门。针对闸坝调度管理制度、生态流量泄放设施等存在问题进行核查,制定生态用水保障方案,相关工作情况纳入最严格水资源管理制度和水污染防治行动计划绩效考核和责任追究。

第四节 生态水位监测预警方案

一、监测方案

1. 监测对象

连云港市重点河库生态水位监测站点见表 7-2。

表 7-2 连云港市重点河库生态水位监测站点

序号	河流(水库)名称	代表河段	生态水位目标值/m	监测站点
1	蔷薇河	下游段	0.75	临洪水文站
2	云善河	疏港航道段	0.50	云善套闸站
3	烧香河	疏港航道段	0.16	凤凰嘴水位站
4	叮当河	全河道	0.85	叮当河闸下
5	车轴河	节制线以下	0.56	四圩闸水位站
6	界圩河	节制线以下	0.03	杨集水位站
7	东门河	节制线以上	−0.47	小骆庄水位站
8	柴米河	下游段	−1.00	柴米河大桥站
9	公兴河	下游段	0.75	新建站点
10	南六塘河	下游段	−0.80	六塘村桥站

表 7-2(续)

序号	河流(水库)名称	代表河段	生态水位目标值/m	监测站点
11	盐河	灌南段	1.04	龙沟闸水位站
12	一帆河	中游段	−0.52	新建站点
13	沂南小河	下游段	0.81	盐河南闸南水位站
14	新沂河南偏泓	中游段	0.22	盐河南闸水位站
15	鲁兰河	下游段	0.75	临洪水文站/富安桥站
16	青口河	下游段	0.55	范口附属水位站
17	乌龙河	下游段	0.59	四孔闸站
18	马河	下游段	0.94	马河中学站
19	民主河	下游段	0.95	民主桥站
20	前蔷薇河-卓王河	下游段	0.68	新坝桥站
21	小塔山水库		25.50	小塔山水库水文站
22	石梁河水库		18.80	石梁河水库水文站
23	安峰山水库		13.50	安峰山水库水位站
24	西双湖水库		25.90	西双湖水库水位站
25	房山水库		8.30	房山水库水位站
26	八条路水库		24.50	八条路水库水位站
27	大石埠水库		45.40	大石埠水库水位站

2. 监测内容

监测内容为水位。

3. 监测频次

日常监测：逐日。

应急监测：在生态水位应急调度过程中根据实际情况进行加密监测。

4. 报送流程

水位站通过 GPRS 和 CDMA 将信息报送管理单位。水位监测信息自动报送，并通过连云港水情信息交换系统交换到省水情信息交换系统。水位站应保证信息通道的正常运行，确保报送质量和时效。

监测单位按照《全国水情信息报送质量管理规定》以及《全国水情工作管理办法》规定，严格执行水情工作制度，确保报送信息的时效性和准确性。遇特殊情况，监测站点、频次以及时间应做调整。

5. 信息平台

基于水情交换数据库维护系统，开展生态水位保障在线监控和预警管理工作，实现水位在线监测；在水位满足预警条件时，及时启动相应等级的预警方案，保障生态水位。

二、预警方案

1. 预警层级

以控制断面生态水位为指标，拟定预警层级为 3 级，分别为蓝色预警、橙色预警和红色预警。

2. 预警阈值

预警阈值分别设置为生态水位的120%、100%和80%。

3. 预警响应措施

根据每日水位站监测的水位数据以及未来可能的发展趋势对水位状态进行评估,判断生态水位保障预警层级,并采取相应的预警措施。生态水位预警层级及响应措施见表7-3。

表7-3　生态水位预警层级及响应措施

预警层级	开展工程调度措施	河道外用水管控措施	是否启动应急调度
蓝色预警	是		
橙色预警	是	是	
红色预警	是	是	是

4. 预警响应结束

连云港市水利局负责生态水位预警的降级及撤销。预警由高级向低级逐级撤销,具体条件如下:

(1) 红色预警触发后,通过预警措施使得水位逐步得到恢复,当实时水位达到红色预警水位阈值以上且连续3日平均水位持续上升时,降级为橙色预警。

(2) 橙色预警触发后,通过预警措施使得水位逐步得到恢复,当实时水位达到橙色预警水位阈值以上且连续3日平均水位持续上升时,降级为蓝色预警。

(3) 蓝色预警触发后,通过预警措施使得水位逐步得到恢复,当实时水位回升至蓝色预警水位且连续3日平均水位不降低时,蓝色预警撤销。

第八章 结　　语

第一节 结　　论

本书在收集国内外生态需水研究资料的基础上,梳理了生态需水的概念与计算方法,分析了生态需水的表征指标及生态水位的内涵与性质,明确了连云港市的生态需水类型,确定了连云港市20条重点河流及7个大中型水库的生态水位,提出了生态水位的保障措施。本书主要结论如下:

(1)连云港市生态需水表征为生态水位较为适宜。结合《河湖生态需水评估导则(试行)》《河湖生态环境需水计算规范》等有关资料阐述了生态需水的概念和计算方法,结合地区特性和水文特性,提出了适宜连云港市生态需水的表征方式,给出了生态水位的内涵和性质。

(2)河流基本生态功能主要是防止河道断流、避免河流水生生物群落遭受无法恢复的破坏等。生态水位指维持水流缓慢、比降平缓的河网地区及湖泊湿地基本形态和基本生态功能的最低水位。

(3)连云港市河流多为平原河网,河道大都由闸坝控制,生态需水类型主要考虑生态系统自身生存问题,其水系的生态需水由各节点的生态水位来代替。

(4)连云港市河流生态水位采用的计算方法主要有湿周法、最小生物空间法、排频法,生态水位的推荐值主要在湿周法计算结果与最小生物空间法计算结果中选取;湖泊生态水位的计算方法主要是湖泊死水位法、湖泊形态分析法、最小生物空间法、排频法、近10年最枯月平均水位法。

(5)给出了蔷薇河、云善河、烧香河、叮当河、车轴河、界圩河、东门河、柴米河、公兴河、南六塘河、盐河、一帆河、沂南小河、新沂河南偏泓、鲁兰河、青口河、乌龙河、马河、民主河、前蔷薇河-卓王河等20条河流以及小塔山水库、石梁河水库、安峰山水库、西双湖水库、房山水库、八条路水库、大石埠水库等7个大中型水库生态水位推荐值。

(6)提出了连云港市的生态需水保障措施,其中工程措施包括水利工程优化调度、闸坝生态流量调度、城市河湖管理、水生态监测以及水生态修复,非工程措施包括水资源优化配置、生态流量与水位监测预警、水生态补偿制度和生态需水保障责任考核体系。

第二节 展　　望

本书研究了生态需水的表征方法,分析了生态需水的表征指标及生态水位的内涵与性质,确定了连云港市20条重点河流及7个大中型水库的生态水位,能够为研究制定保障河道与水库生态水位的水量调度方案提供参考依据。但是生态水位的研究还处于探索阶段,生态需水涉及的不仅具有自然属性还具有社会属性,同时还涉及多门学科内容,需进一步深化完善。

(1)建议不断深化水生动植物对生态需水的相关科学研究。本书选取连云港市作为典型案例,并利用各种方法对连云港市河流和水库基本生态水位进行核算,但这些生态水位的方法大多基于水文数据,对流域的气候、土壤、水文、地质以及其他社会因素考量较少。建议进一步开展对水生动植物、水环境对生态水量需求的相关科学研究,为江河湖库生态水量确定工作提供一定的技术依据。

(2)建议加快制定重点河湖生态水位保障目标。重点河湖生态水位保障目标是实现水量合理分配和生态环境保护的重要依据,因此在未来工作中,有关流域管理机构和有关水行政主管部门应以实现经济、生活、生态和环境用水的协调发展为目的,综合利用基础研究和大数据分析手段,加快不同区域、不同类型河湖生态水位目标的科学制定。建议进一步开展生态需水的相关研究,定期对生态流量管理和保障情况进行评估,根据工作实践,待条件成熟后进一步扩大生态水位计算、调度方案制定的工作范围,加强水资源调度管理工作。

(3)不断提升生态水位监管能力和水平。针对目前生态水量监管保障中存在的短板,应继续推动加快水资源监测体系建设,利用高新技术等手段,进一步开发生态水位监测预警系统,根据不同类别、不同区域河湖生态水位保障目标,利用系统平台实时提出优化调控方案,保障生态水位流量达标。把保障生态水位作为水资源硬约束,统筹生活、生产和生态用水需求,严格控制区域用水总量,严控开发强度,切实保护水资源环境。